バリ島巡礼

集住の村々を探る

中岡義介
大谷 聡
川西尋子
後藤隆太郎

鹿島出版会

バリ島の平地で一般的に見られる軸道。自然の尾根道を取り込み、それを軸に集住地を形成する。祖霊と神々を祀る儀礼ガルンガンには、ペンジョールという竹飾りが門前に立てられ、軸道は一大儀礼空間に変わる。平地のウブドゥにて（第1章）

丘陵や山地では、バレ・アグン寺院やプナタラン・アグン寺院など呼称は異なるが、広く大きい寺院が集住地に置かれ、そこでさまざまな儀礼がとりおこなわれる。東部丘陵のティンブラーにて（第３章）

丘陵や山地では、慣習家屋が中庭空地を介して連続して建ち並び、それを塀などで囲い込む住居群が多い。慣習家屋の呼称は村々で異なる。山地のプンゴタンにて（第5章）

山地や丘陵では、山々の地形を読みとって、集住地を開く。雨になることが多い山地では、時として天空の村のような光景がかもしだされる。山地にはかつて最初期の王国が開かれていた。山地のスカワナにて（第6章）

はじめに

バリ島は、インドネシア共和国を構成する一万三〇〇〇あまりの島のひとつで、面積は約五六〇〇平方キロメートル、日本の愛媛県ほどの大きさである。周辺の小島をあわせてバリ州を構成する。世界最大のイスラム教徒をもつインドネシアにおいて、唯一ヒンドゥーを奉じる島として知られる。バリ島のヒンドゥーは特にバリ・ヒンドゥーとよばれて、およそ三八九万人（二〇一〇年）の島民のおよそ九〇パーセントがこのバリ・ヒンドゥーを奉じている。

一七世紀からオランダはジャワ島に進出してその植民地化をすすめたが、その東隣りのバリ島は植民地として取るに足らない島であった。しかし、イギリスとの海上覇権争いからとりあえず植民地化し、一九二〇年代にバリ島観光を始めていらい、島の自然と島民の生活に根ざしたエキゾチシズムあふれる国際観光地としてひろく世界に知られるようになった。

そのバリ島は、いま、日常をもっと文化的なほうにシフトした地域社会を実現している生活空間からなる。日常生活のすべてを生産にあてるのではなく、生産をほどほどで止め、その結果生じた時間で心身ともに生活を豊かにする社会である。

島民の生活のベースは農業にあるが、それに従事するかれらは百姓《ひやくせい》をもっている。音楽ができたり、絵が描けたり、竹やヤシで飾り物をつくったり、踊りができたりするなど、いろいろなことができる。それらはすべて、日常生活のなかで、その一部としておこなわれている。

このことはとても興味深い。というのは、経済成長を遂げたのちの成熟社会のあり方にひとつの示唆を与えてくれるのではないかと思われるからである。

では、バリ島の生活空間はどのようなものか。

第一に、デサとよばれる村を単位として、かれらの基本的な生活空間をつくり出していることが挙げられる。かれらの村はけっして大きくない。顔見知りといってよい人間的なスケールをずっと変えることなくおもに尾根に集住している。この種の村が、地形図で数えただけでも、四六〇〇はある。バリ島は「村の集合体」である。

なぜ、村ばかりなのか。バリ州を構成する州都デンパサールと八つの県都など、都市や町といえる生活空間はあるのだが、それらはバリ島にあっては例外的な存在である。といっても、それは人口規模のことであって、その空間構成は、村のそれを再生産しつつ増幅したものにすぎず、基本的には村と変わることはない。だから、農業が基幹産業だからというだけでは、説明がつかない。

第二に、村それぞれが異彩を放っている。それは、私たちが思い浮かべる、自然発生的にできた村が発するものとは異なっている。どの村も整然とつくられていて、何らかの原則のもとで計画された生活空間であること、その原則がひとつならずいくつもあることをうかがわせる。ということは、ルーツの異なる村がいくつもあるということである。そして、それらがけっして失われていないのである。

第三に、そうした異なる村々が一定の地域分布のもとにみられ、そのことが小さな島の集住を多彩なものにしている。

第四に、それらには相互に関連がみられる。村々は、別のものを取り込むとき、もとの生活空間の原則を変えることなく内部に取り込んだ生活空間をつくり上げている。「内包混化型生活空間」といってよかろう。

取り込み方にさまざまなレベル――内容と程度――がみられ、したがって、それらは個性豊かな独立する存在であるとともに、ひとつながりの関係にある存在ともなっている。そこにバリ島の村々を訪ねていくときの楽しさがある。

第五に、そうした村々をたどっていくと、住居が集まっただけの、シンプルな集住の形をもった村に行き着く。これがバリ島の集住の原初タイプであろうと思われるが、そうした村が現在もなお存在することは、驚嘆に値する。

第六に、スピリチュアルな日常生活が繰り広げられていることが、すべての村で共通してみられる。そして、そのスピリチュアルなものが村々で異なっている。さきの文化的な日常はこれにもとづいているものだ。

とすると、内包混化と精神性が日常を文化的なほうにシフトした地域社会の生活空間のベースをなすということになろう。

これは、あるいは、アジア的生活空間であり、アジア型生活空間の価値ではないか。

そうした村々の生活空間を記録保存するべく、集住地と住居の図面・写真を実測収録し、村人から村のことを聞き取り、それぞれの「集まって住む形」を、集住の仕方と住居のあり方から解き明かしていこうと、フィールドノートに書きとめた。

本書は、そのなかから一一の村を取り上げ、フィールドノートをもとに書き起こしたものである。

いま、バリ島として一般に知られているのは、もっとも新しい文化の生活空間、バリ・ヒンドゥーのそれである。そして、バリ島の村がすべてそうであると信じられているふうがある。しかし、それはほんのひとにぎりの村にすぎない。多くのふるい村が、内包混化を繰り返しながらも、バリ・ヒンドゥーとは違ったそれ以前の文化の生活空間をいまも伝えている。それぞれが独立した多様な文化の生活空間である。びっくりするような村々が、いまも生き生きと息づいている。それがバリ島である。

この本を読まれた方々は、ぜひともバリ島を訪れ、あるいは再度訪れるときには、ここに書いたことがらを参照しながら村を歩いていただき、村々の「集まって住む形」の謎解きを楽しんでいただければと思う。そうすれば、バリ島の村歩きの楽しさはまちがいなく倍加しよう。ただ、熱帯のバリ島ではあるが、山地は寒いことも多いから、くれぐれもご注意を。

そして、もうひとつ。とりわけ雨期になれば、あらゆるものを腐らせてしまうほどのバリ島では、新しくつくったものも、一年経てば、ふるくからあるように見えてしまう。これに惑わされないように、ご注意を。なにしろ、内包混化の島なのだから。

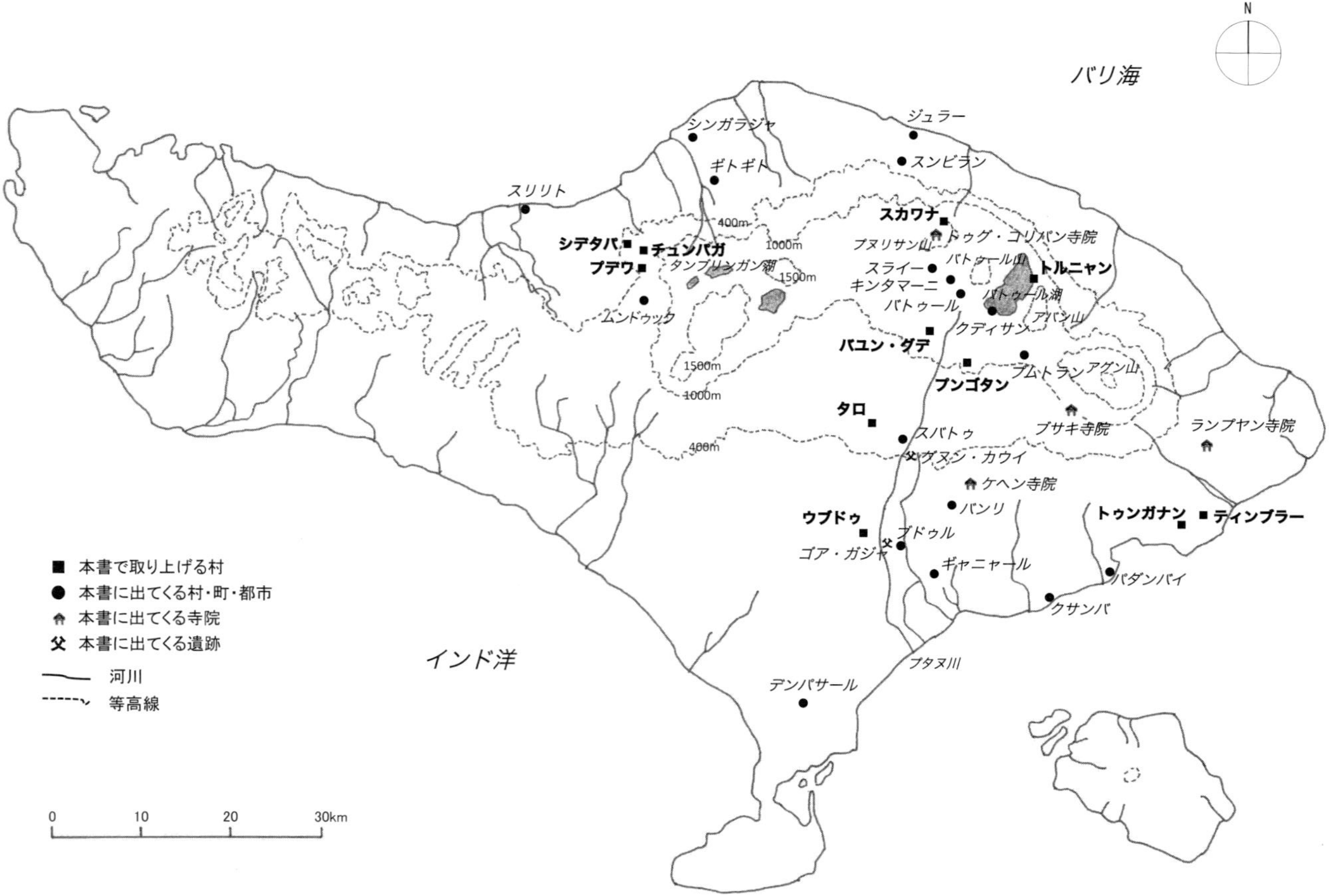

N
バリ海
インド洋
シンガラジャ
ジュラー
スンピラン
ギトギト
スリリト
400m
1000m
1500m
スカワナ
トゥグ・コリパン寺院
プヌリサン山
シデタパ
チュンパガ
プデワ
タンブリンガン湖
スライー
キンタマーニ
バトゥール山
トルニャン
バトゥール湖
バトゥール
アバン山
ムンドゥック
クディサン
バユン・ダデ
ブムトラン
アグン山
プンゴタン
タロ
スバトゥ
グヌン・カウイ
ブサキ寺院
ランプヤン寺院
ケヘン寺院
バンリ
ウブドゥ
ブドゥル
ゴア・ガジャ
ギャニャール
トゥンガナン
ティンプラー
パダンバイ
クサンバ
プタヌ川
デンパサール
本書で取り上げる村
本書に出てくる村・町・都市
本書に出てくる寺院
本書に出てくる遺跡
河川
等高線
0
10
20
30km

バリ島巡礼

集住の村々を探る

第1章 バリ・ヒンドゥーの自然と精神世界
ウブドゥ——平地のコスモロジー

つくられた十字路

私たちがいだく「豊かな水田が続き、その向こうにヤシの木々が見える」バリ島の典型的な風景。それは島の平地の大きな特徴のひとつである。ウブドゥで存分に見ることができる。

おおむね標高五〇〇メートル以下の平地が島の核心域になるのは、一六世紀以降のことである。

ジャワ島中東部を中心に栄えていたジャワ・ヒンドゥーのマジャパヒト王国が一五二七年にイスラム教の王国に滅ぼされ、祭司、王族、貴族、学者たちがバリ島に亡命した。その後、かれらは平地に割拠して小王国を形成し、現在のバリ州を構成する八つの県の基礎ができあがった。かれらがバリ・ヒンドゥーとして知られる今日のバリ島の基礎をつくり上げたといってよい。そこでは水田稲作が営まれ、米が経済と社会を支え、現在に至っている。

そんな平地の村のなかで、ウブドゥはバリ島を訪れる人びとの間にもっともよく知られたひとつである。ここを拠点にして、島を歩き回る人も少なくない。それにはわけがある。私たちがバリ島に期待するもの——水田とヤシの風景を含めてバリ・ヒンドゥーのものだが——が、凝縮されて、ここにあるからだ。

ウブドゥに来ると、なぜだか、しぜんとクロスポイントに足が向く。南北に走るメーンストリートと東西の幹線路が交わるところである。呪力でも働いているのだろうか。クロスポイントといっても微妙にずれているところがいかにも意味ありげである。

ここには、北東角に王宮《プリ・サレン》、北西角に闘鶏場《ワンティラン》、それに接して村の寺院《プラ・デサ》、南東角には市場《パサール》、南西角は小広場が配されている（図1）。

王宮では週何回か夜になるとバリ舞踊が催されるし、敷地内の住まいの一部をホテルとして観光客に提供している。向かいの闘鶏場でも運がよければ芸能の練習風景が見られたりする。市場は地元の人びとの台所である。中庭で竹の柱に取りつけた平らな天幕の下で食料品などを売っていて、早朝のにぎわいはすごい。鉄筋コンクリートの二階建ての建物などでは、観光客相手のみやげ物屋が幅を利かせている。地元の人と観光客が入り交じってにぎわう市場の前は、ちょっとした交通混雑を起こすことも多い。

王宮と村の寺院は塀で囲まれているが、闘鶏場、市場は建物がむき出しのままだ。ということは、いまは車道と歩道のスペースがはっきりと区別されているが、もともとクロスポイントは全体がひとつのオープンスペースというかひろばになっていて、その中に塀で区画された王宮と村の寺院、そしてむき出しの闘鶏場それぞれがしかるべき場所に置かれ、市場は露天市として開かれていたということであろう。

十字路は、明らかに、一本は山の方向と海の方向が、もう一本は日の出の方向と日の入りの方向あるいは東西が意識されてつくられている。いつごろからこのようになったのか、定かでない。水田稲作を中心とする経済のもと、バリ・ヒンドゥーを奉じるバリ島南部の王都や地方の政治的有力者の居住地で十字路がみられるから、少なくとも一七、八世紀の小王国・群雄割拠のころまでさかのぼることができるだろう。

ところが、ウブドゥは、昔からの王都ではない。小王国の一地方にすぎなかった。そこに居を構えるスカワティ家が、一八八〇年ごろ、オランダのバリ島支配の動きとバリ社会の政治的混乱に乗じて、親オランダの新興勢力として急速に浮かび上がって、このあたりを支配下におくようになった。当時、ここには、他の小王国の芸術家や彫刻家、建築家たちが戦乱から逃れてやってきて住み着いていた。初代当主の住いは、現在の王宮より少し西側の、川を越えたチャンプアンにあった。当時はまだ今日みるような形にはなっていなかったウブドゥに、王族や地方領主の先例にならってクロスポイントをつくり、そこに居を移したのである。とすると、クロスポイントは支配者たることのあかしの場ということになる。おおぎょうにいえば、かれらの宇宙論的秩序を体現している場といってよい。それが呪力なのかもしれない。このクロス

②

①

④

③

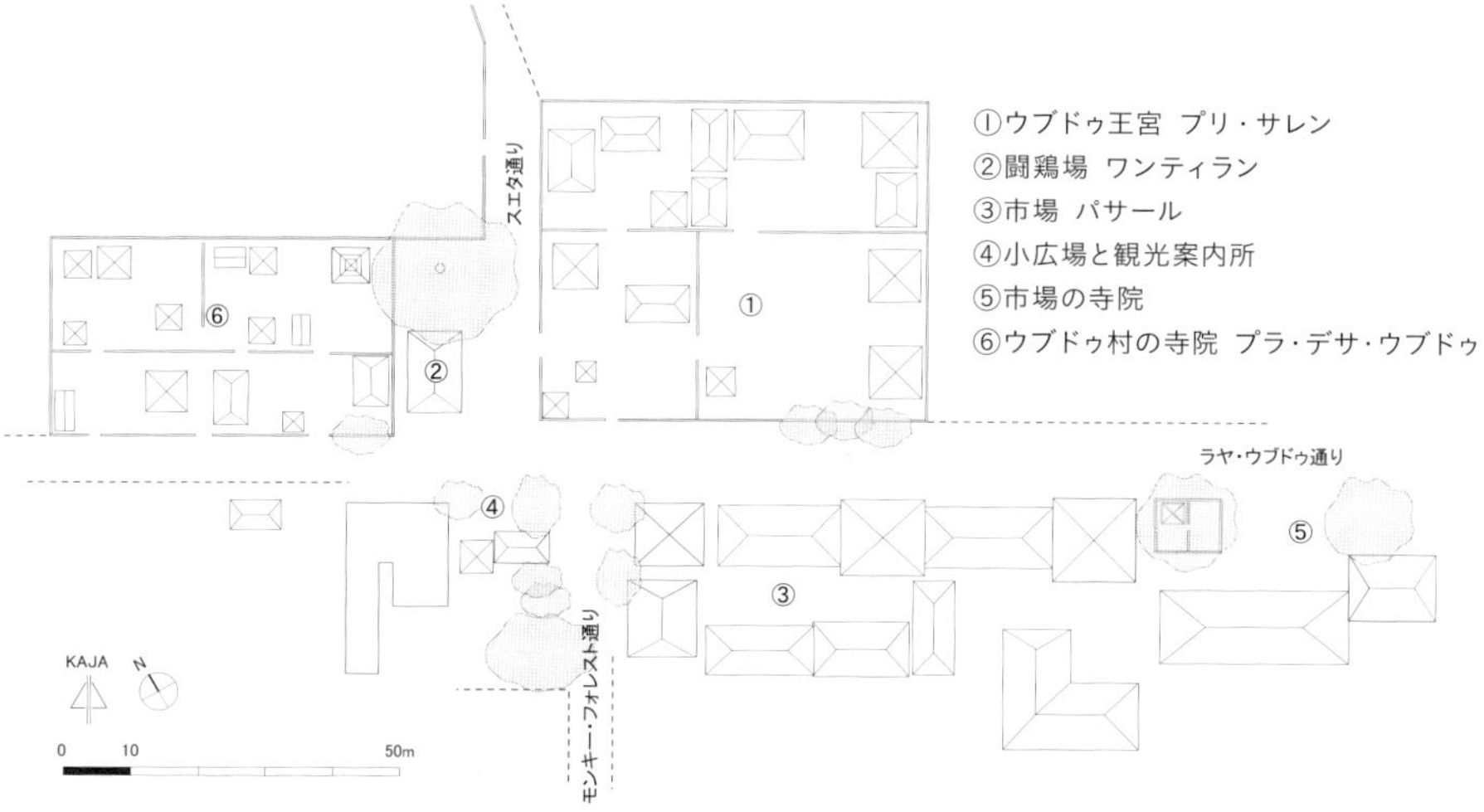

図1 ウブドゥのクロスポント

⑥

⑤

ポイントから山の方向と海の方向に村が形成されていき、別の村を結ぶ東西の幹線路ができて、クロスポイントは村の中心地となった（図3参照）。

二代目当主は、ジャワの官吏養成学校「首長学校」を卒業してバリ島に戻り、一九二四年、ウブドゥの原住民植民地官吏となった。そして、クロスポイントの闘鶏場がある少し山側の一画に住まい兼役所を構え、地方行政の実務を担当した。

この住まい兼役所は、一九三六年から、芸術集団「ピタ・マハ」のバリ人画家たちが毎週土曜日、みずから描いた絵画を持ち寄って品評会をおこなう場ともなった。そこでかれらは自分たちには見慣れた農村風景や自然、日常生活や儀礼が絵になることを知り、やがて「ピタ・マハ」はヨーロッパでも展覧会を開催するまでになった。さきの「水田とヤシ」の風景は、かれらによって世界に広められたものだ。

このようにして、「ピタ・マハ」から発したものが、ここに各地の芸術家たちが移り住んでいたことと相まって、村のそこここに広がって、芸術村となっていった。それがまた舞踊などの儀礼にかかわる芸術も取り込んでいっそう芸術村にしていき、いまもそれを増幅させ続けている。それらはすべてかれらの生活の一部であることに、大きな特徴がある。

これに誘われて、さまざまな観光客がやってくるのだ。ウブドゥの人たちはみずからの生活を変えることなく、こうした観光客を受け入れている。その生活空間は、どのようなものなのだろうか。

尾根道が軸道に

クロスポイントから東西の幹線路を東に歩き、一筋目を左に入った通りにタマン・カジャというふるくからある村がある（図3参照）。村への入り口となる道路の幅はけっして広くないから、注意しないとついつい見過ごしてしまう。ここに足を一歩踏み入れると、さきほどまでの喧噪が嘘のように静かになる。人混みの緊張から解放されてちょっとホッとする。

幅五、六メートルほどの道路は東西を二本の川にはさまれ、一本のゆるやかな坂となって、山のほうに続いている。山の方向と海の方向からなる自然の尾根道である。それ沿いに村は形成されている。自然地形を読みとり、尾根道を集住のための道路にしてつくられた村である。

この道路を少し上っていくと、右手すなわち東側に、道路に面して、まず、村の死者の寺院《プラ・ダレム》がある（写真1）。寺院の門の横には、ケチャッ（リズムを刻む男声の合唱に呪術的な踊り

「サンヒャン」を組み合わせた創作舞踏劇）の写真とともに開催日が記されたポスターが貼り出されている。演者は村の人たちだ。村の寺院でみずからが演じるかれらの芸能を享受することができる。

道路をさらに上っていくと、店先に木の長椅子を置いた出店《ワルン》がいくつもある。村の人たちのちょっとした買い物先だ。日常品ならほとんどのものがここでばら売りされている。さらに上ると、村の守護寺院《プラ・デサ》と起源の寺院《プラ・プセ》のふたつの寺院がひとつの敷地内に建っている。これにさきの死者の寺院を合わせた三つの寺院は、バリ・ヒドゥーの村には欠かすことができないものとされている。この寺院の真向かいには村の集会所《バレ・バンジャール》がある（写真2）。これらが集住のための人工装置だ。

写真１　タマン・カジャの死者の寺院プラ・ダレム

写真２　タマン・カジャの集会所バレ・バンジャール。屋根に木の太鼓クルクルのやぐらがついている

一方、屋敷地は、道路と川にはさまれた土地が短冊状に区画され、道路の両側に連なっている。道路面よりかなり高くとられているところが多い。歩道（下は側溝）から少しセットバックして屋敷地の塀がもうけられている。煉瓦塀、コンクリートブロック塀、土塀と、塀の種類は多彩だ。

歩道から階段を上がっていくと、屋敷門がある。門柱には住所地番、名前などが記されたプレートが貼りつけられている。特徴ある屋敷門をもつ塀によって屋敷地は道路と境界づけられているが、セットバックした部分には、植え込みが施されたり、芝が植えられたりしている。どこもこぎれいに手入れされている。道路を飾りたてているかのようである。また、塀の内側に植えられた果樹や花木が塀を越えて道路の上に枝を張り、塀だけならば殺風景になってしまいがちな道路景観を、さらにやさしいものにしてくれている。村の名前「タマン」は「庭」とか「ひろば」を意味する。この道路が、たんに通行のスペースではなく、集住地全体の庭のような存在だと考えると、人びとが道路を意識しているのが理解できる。とすると、一本の道路ということを通り越して、村をまとめ上げる道路、すなわち「軸道」というにふさわしい。

それを実感するのは、村でおこなわれる儀礼のときである。神々と祖霊を迎え送る儀礼であるガルンガンとクニンガンには、先が弓状にしなるほど長い竹竿にヤシの葉飾りをつけたペンジョールが屋敷地の門前の軸道に立てられる。ペンジョールづくりは男たちの仕事である。そして、当日は、正装をした人びとが軸道を行き交う。村の寺院の開基祭《オダラン》のときも、正装した人びとであふれる。軸道は、こうした儀礼のためにある、といってけっして過言でない。ふだんはこぎれいに装われた生活の場だが、儀礼時には寺院とともに広々とした神々の場、スピリチュアルな生活の場に変貌する。軸道はそのためにあるといってよい。

自然を徹底的に取り込む

屋敷地の構成は、規模の大小はあるが、ほぼ似通っている(図2)。

屋敷門をくぐって内に入る。建物が建ち並んでいる。住まいを分棟にし、その中心に中庭を置いている。かれらは、中庭は人間のへそだというから、住まいと母親とのつながりを意識させる部分である。そういう精神世界をかれらはもっているということだろう。じっさい、どこの家の中庭を見ても、花木や鉢植え、芝生などがよく手入れされ、こぎれいにしつらえられていて、大切なものだという思いが伝わってくる。中庭に干す洗濯物、特にズボンや下着は目の高さより上に干してはいけないなどとされ、女性たちはそれを守っている。

住居敷地は裏庭に続く部分をのぞいて塀で囲い込まれている。裏庭は、かなり広いスペースとなっていて、豚小屋がもうけられたり、ニワトリの親子が餌をついばんでいたり、作業空間になったりしている。その邪魔にならないようにして、ヤシやバナナ、マンゴー、野菜が植えられていることも多い。このさらに奥に、人の手の入った森のような奥庭が広がっている。下草はほとんどない。ちょっとした傾斜地になっていたりする。ヤシや竹が見られる。ときおり、ここでニワトリのはげしい縄張り争いが繰り広げられ、勝ったニワトリは木々の高い枝に上り、そこでときの声を上げる。

奥庭から先は、川に向かって急速に落ち込んでいる、深い谷である。熱帯の樹林が生い茂り、人がここを利用しているとは思えないが、そこにあるヤシの所有も決まっていたりする。

この川を人びとはつねに利用し、尊崇の対象にすらしてい

軸道

裏庭

階段と門

奥庭

中庭

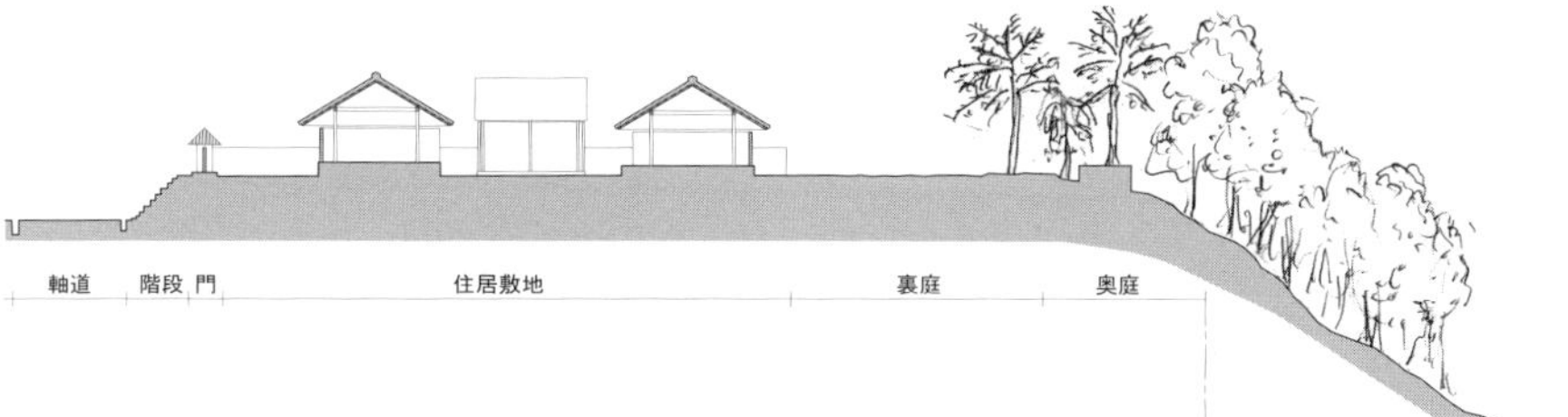

図２　タマン・カジャの屋敷地の構成

る。しかし、簡単には近づけない。川に向かう路地は一か所だけで、軸道に取りついている。そこをたどっていけば、ところどころ石やセメントで固めた坂道となり、最後は階段となって、川に降り着く。川といっても、とうとうと流れる感じではなく、岩肌をぬって、狭い川筋を水が勢いよく流れている。ここが村の人たちの水浴場《マンディ》である。蒸し暑いバリでは、少なくとも一日に二回、朝夕の食事の前の水浴は欠かせない。

屋敷地に植えられた種々の植物を、かれらはあますところなく使う。ヤシはその部位にしたがってさまざまに使われる。ヤシの実は飲料や食料、油やお酒（アラック）、石けんにもなる。実の殻はお椀、焼けば炭となる。葉は供物皿や飾りとなる。葉軸にアラン草をつけて屋根を葺く。釘としても使う。多種ある小さめのバナナも同様である。生食や料理用はもちろんのこと、葉は供物や食事用の皿、食べものを包むときにも使われる。幹は細かくして豚の餌に混ぜる。竹もまた、供物入れのかご、日よけ帽、家具、竹琴などの楽器、家屋、祭壇、橋や配水管などの建設土木資材になる。竹の子の食べない部分は薬になる。

さらに、かならず屋敷地内に植えられているものがある。色とりどりのフランジパニ（プルメリア）やブーゲンビリアなどの花木である。屋敷地を日常的に守護するのは一家の女主人である。女主人は朝と夕二回、正装をして、長い線香と聖水をもって、屋敷地内の神々（祠、神だな、台所、門、電気メーターなど）へ感謝と祈りを捧げる。バナナの葉の皿にご飯とピーナッツと塩をのせた供物は、地面にいる悪霊のために地面に置く。置くや否やニワトリや犬猫の餌となったり、観光客に足蹴にされたりする。しかし、いっこうにおかまいなしである。お供えするという行為が重要だからである。そのときに使う供物皿には、緑色の細い草（パンダン・ハルム）とポロサン（シリーの葉、石灰、小さく切った果物を木の葉に包んだもの）などで、天地が決まっている）に加え、かならず三色から五色の新鮮な花を盛り合わせなければならないから、花木は身近なところに欠かせない。最近では、市場にできあいの供物皿が大量に売られているが、女性たちは家事や仕事の合間に、姉妹や友人とおしゃべりしながら、ベランダに座り込んで供物皿づくりに精を出す。

緑につつまれた村は、自然の中にすっかり身をゆだねているようにみえながら、屋敷地という集住の人工装置の中で自然をみずからの緑としてしたたかに使っている。異なる緑をこまやかなヒエラルキーをもって注意深く内に取り込み、生

図3　ウブドゥの行政村の空間構成

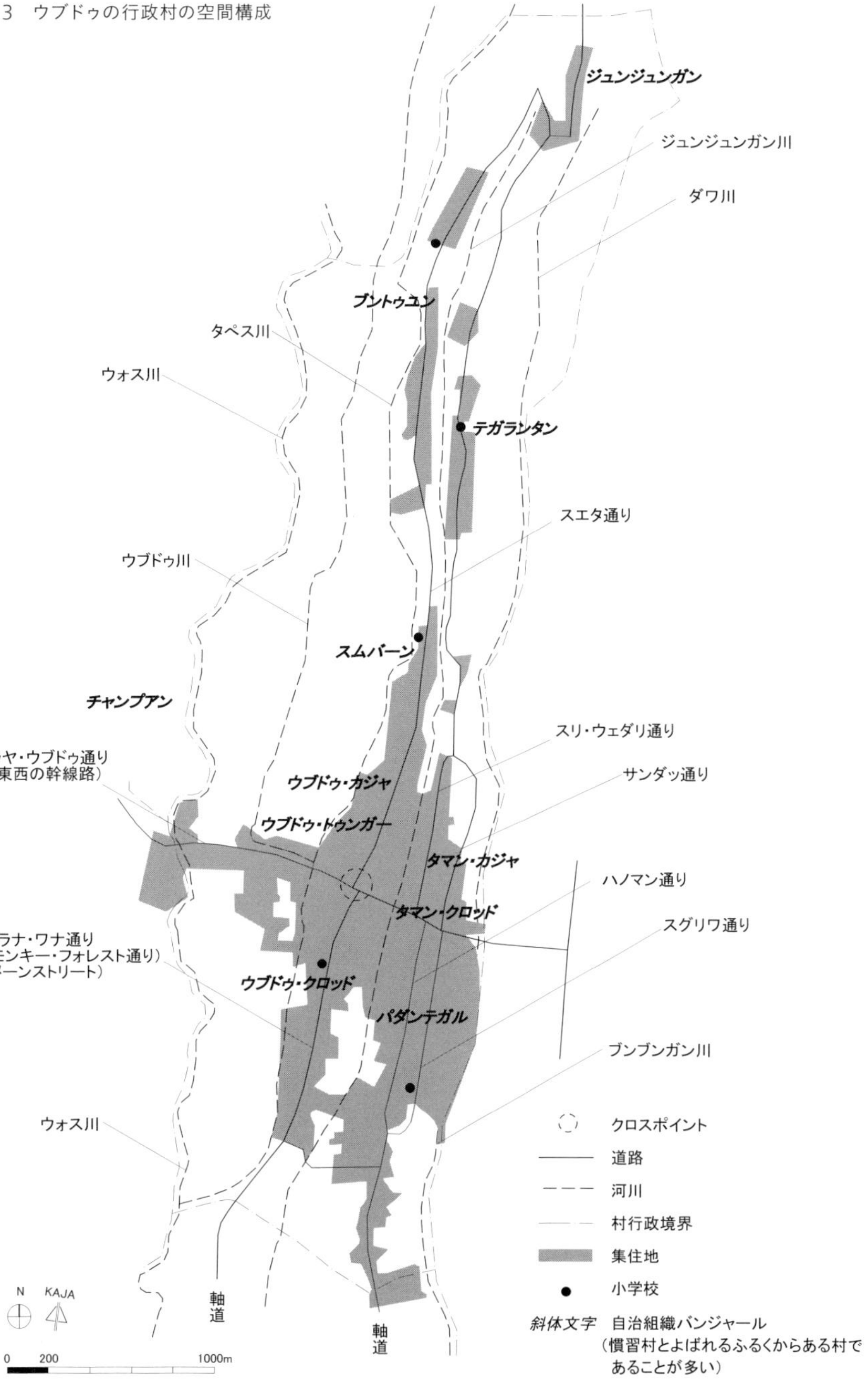

活を豊かに支える自立的な屋敷地である。屋敷地を守護する一家の女主人つまり母親とのつながりを象徴する中庭を中心にした、かれらの精神世界、スピリチュアルな生活に支えられた自律的な屋敷地でもある。

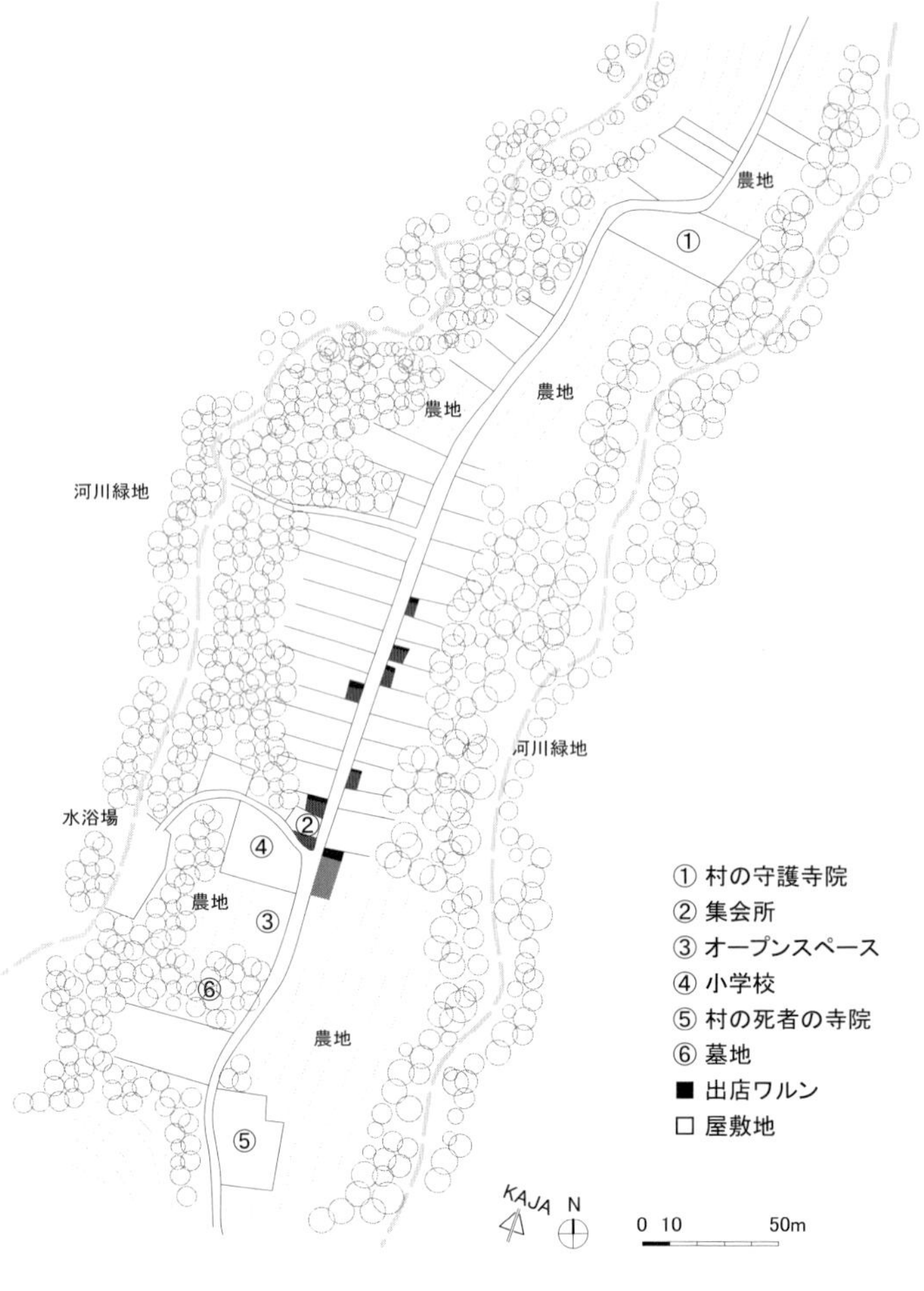

図4　ブントゥユンの集住地全体図

かくして、自然に依拠して獲得した軸道と屋敷地というふたつの集住装置を支えるのは、それぞれバリ・ヒンドゥーと母なる住まいという精神世界。そんな構図がみえてくる。

二本の川にはさまれた山と海の方向の自然の尾根道はバ

リ・ヒンドゥーの精神世界に支えられて集住装置の軸道に変わり、尾根道の各所に村をつくり出している（図3）。ウブドゥのクロスポイントから山の方向にしばらく上っていくと、そのひとつ、ブントゥユンがある。タマン・カジャにくらべてより素朴である（図4）。

分棟型に住まう

住居は、どうなのだろうか。

クロスポイントの南西角に戻ろう。小広場がある一角の、比較的に新しい屋敷地群だ。クロスポイントを少し下った右側にある路地を一歩入れば、表通りの喧噪がまるで嘘に思えるほど、静かな屋敷地が広がっている。くの字に曲がった路地は東西の幹線路につながっているが、その両側に屋敷地がとられている。ここの屋敷地は裏庭や奥庭をもたない住居敷地だけのものが多い。ここに長期滞在者と思われる観光客がけっこう出入りしている。民宿《ロスメン》の滞在者であろう。

どこに泊まろうかと民宿を訪ね回っているうちに、住まいの一部を民宿として提供するとき、ひとつの共通した処方があるのではないかと思うようになった。かれらの住まい方をまったく変更することなく、滞在者を受け入れることができる仕組みをおのずと備えているようなのだ。

屋敷地は壁で囲まれている。道路に面して屋敷門がつくられている。門自体は大きいが、観音開きの門扉はずいぶんと小さい（写真3）。民宿をやっているところでは、門扉が開かれているから、犬に吠えられることに注意して、声をかけつつ入ってみる。

門を入ったすぐ正面には、ついたてのような目隠し塀《アリンアリン》が置かれている。悪霊が屋敷地に侵入するのを防ぐためだというが、外から家の中が見えないようにする役割も果たしている。神だなをもうけたり、赤いハイビスカスをさした富の神様である象顔のガネーシャ像があったりする。

写真3　目隠し塀アリンアリンとガネーシャ像と放し飼いの番犬

ここで右か左に曲がって、屋敷地に足を踏み入れる。塀で囲い込んだ内は、建物がけっこう建て込んでいる。分棟型の住まいである。タマン・カジャとおなじである。一見したところ、勝手気ままに建てられているようだが、この分棟には一定の約束事がある。屋敷地を縦と横それぞれの方向に三分して全体を九つに分け、それぞれの部分に建てる建物形態と用途の基本が決まっているのだ。

山の方向と海の方向からなる軸道が南北を向くウブドゥだと、屋敷地の山側の東部分にはかならずかれらの祖先が住む家族の祠《サンガ》（上流階層ではムラジャンとよぶ）を置く。屋敷地の九分の一ほどを占めるから、けっして小さいものではない。このすぐ横、すなわち山側の真ん中の部分には、家宝をしまい、家長夫婦が寝るムテンという建物が配置される。家長夫婦棟は煉瓦か砂岩の土台の上に建てた分厚い草葺きの屋根（いまは瓦屋根が多い）の八本柱の建物であるのが正式である。四方を壁で囲み、窓はなく、明かりは唯一、間口六〇センチほどの狭い入り口から入ってくるだけである。内にはベッドがふたつ、入り口の両側に置かれている。前面には差し掛けのベランダをもうけることも多い。

東側の真ん中の部分には、高い基壇付きの儀礼用の建物（バレ・ダンギン、バレ・グデ、バレ・アグンなどとよばれる）がつくられる。二方または三方に壁がない開け放ちの建物で、ベッドがひとつつくりつけられている。柱や梁、天井などには彫刻や装飾が施され、他の建物とは違った儀礼用の建物であることを強調している。西側の真ん中には、おもに二方が壁で囲われた建物（バレ・ティアン・サンガ、あるいは簡単にバレ・ダウつまり西の建物）がつくられる。ベランダをもつこともある。家族の日常生活の場であり、家長以外の家族の寝室、客室でもある。海側におもに子どもの寝室に用いられる建物（バレ・サケナム）がつくられることもある。その海側には、東に米倉（六本柱はルンブン、四本柱はジネン）、真ん中に台所、西に豚小屋やトイレが置かれる。そして、屋敷地の真ん中にあたる部分は中庭になっており、そこに土地の神を祀る小さな祠プギジュンが置かれている（図5）。

建物の呼び名は柱の数で決まっており、四本柱の建物ならバレ・シクパット、六本柱ならバレ・サケナム、九本柱はバレ・ティアン・サンガ、一二本柱はバレ・グデとよばれ、その機能もバレ・シクパットは儀礼棟に、バレ・ティアン・サンガは家族棟にというように決まっているが、いまはかなり流動的である。

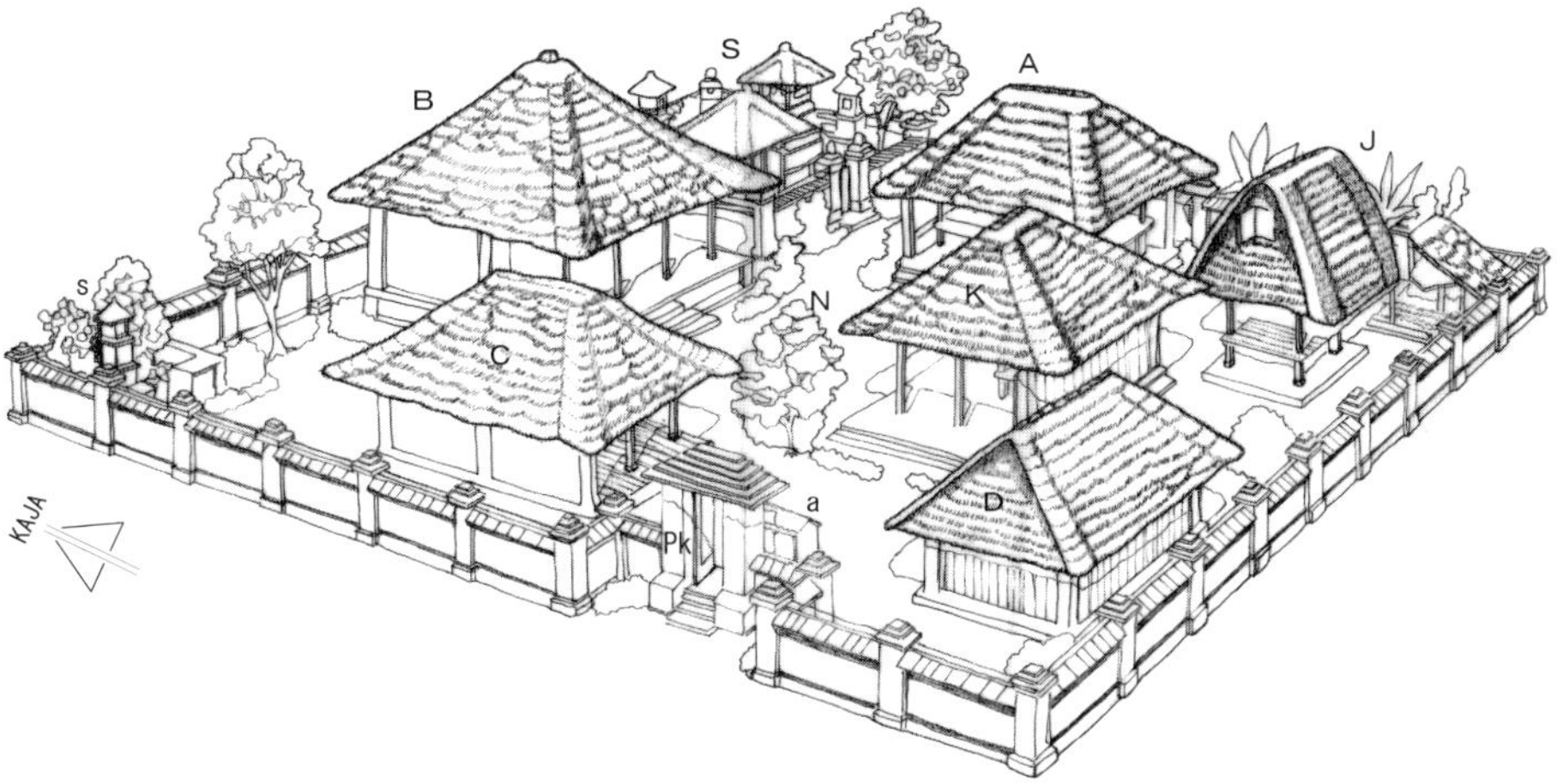

図５　ウブドゥの分棟型住居の採取例

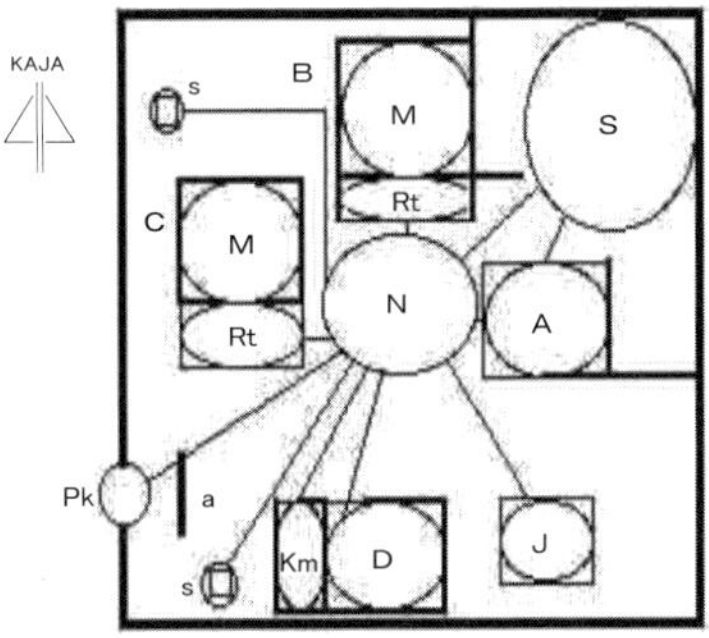

Pk　門
a　目隠し塀（アリンアリン）
S　家族の祠（サンガ）
A　（東側）儀礼棟（バレ・ダンギン）
B　（山側）家長夫婦棟（ムテン）
C　（西側）家族・客室棟（バレ・ダウ）
D　台所（ダプール）
K　（海側）家族棟（バレ・サケナム）
J　米倉（ジネン）
M　寝室
Rt　ベランダ
N　中庭（ナター）
Km　トイレ
s　祠
太線　塀または壁

住まいに写した精神世界

このような建て方について、つぎのような解釈がされている。かれらは、山の方向は神聖、海の方向は不浄、日の出の方向は明、日の入りの方向は暗と考えているから、九つに分けられた部分はそれぞれ神聖－不浄、明－暗によってその強弱が生まれる。そして、山の方向と日の出の方向がクロスする部分はもっともよい場所で、そこにかれらの祖先の住む家族の祠が、このすぐ横の山の方向の部分はつぎによい部分で家長夫婦寝室が、家族の祠のすぐ海側の日の出の方向の部分には儀礼棟が、海の方向と日の入りの方向が重なるところはもっともよくないところでトイレや豚小屋が配置される、というのである。そして、中央は中庭にする。

山と海の方向、日の出と日の入りの方向は自然に依拠したものである。しかし、それらとその組み合わせに対する解釈に精神性をみることができる。

このような屋敷地の構成と解釈がいつからあるのかよくわからないが、水田をもち経済的にゆとりのある階層の屋敷地の構成だという指摘もある。この種の水田は島の南部の平地で一般的に見られるものであるから、この方式も平地に特有のものと思われる。古典的建築術を記したロンタル文書「アスタ・コサラ・コサリ」との関連も考えられる。が、より重要なことは、それをかれらがみずからの精神的なよりどころにしていることだ。

分棟型の居住方式だから、人数は限られるが、民宿として滞在者を泊めても、かれらの生活に支障をきたすことはない。西棟は客室でもあるから、そこを滞在者に開放すれば済む。改造することなど、特に問われないのだが、民宿を始めるおりに、改造したり増棟したりする例も少なくない。その場合でも、この居住方式を大きく変えてはいない。

家族は、夜以外の家庭生活はすべて、ベランダか、壁のない棟ですごす。絵画を描くのも、彫刻をつくるのも、ここだ。食事の時間は特に決まっていないし、家族といえども集まって食事をすることはない。母親が朝、ご飯を台所に準備しておけば、各自、台所あるいは自分の棟で食事をとる。よその子がここでかってにご飯を食べていても気にすることもない。

だから、民宿の滞在者はしぜんと家族の一員となる。お供えをする一家の女主人から「今日も安穏無事にすごせますようにと祈りながらまわっていると、とても心が休まる」という話も聞ける。祈りは自分のため、家族のために捧げられるのだ。供物皿のつくり方を習ったり、正装の衣装を着せつけてもらい儀礼に参加することもできる。小学校の宗教の授業では、『リグ・ヴェーダ』などから抜粋されたサンスクリット語のマントラを習う。人びとはそのマントラを唱え、一日三回の祈りを欠かさない。そんなこともわかってくる。これが、私たちにはたまらなくうれしい。それがウブドゥの最大の魅力なのだ。

このように、みずからの居住方式を変えることなく、他者をしぜんに受け入れる。そして、それが知らず知らずのうちにみずからの生活の豊かさの向上をもたらしている。それをコスモロジーに支えられたこの分棟型の屋敷地が可能にしているのだが、人びとがそのことに気づいているふうはない。

表層をもつ屋敷地

このクロスポイントの北西角の一角で、興味深いことがもうひとつ、発見できる。

塀でしっかりと閉ざされた屋敷地は、外から内を垣間見ることをけっして許してはくれない。それでいて、路地からの景観はじつに開放的である。内の樹木は塀を越えて路地の上に枝葉を伸ばし、建物の屋根が塀越しに見えたりする。家族の祠の位置が路地沿いにあたれば、柱の上に小さな家をのせたような形をした建物が顔をのぞかせている。そして、塀と路地との境界は狭い奥行きながら芝生や草花、鉢植えなどで多彩かつこぎれいにととのえられている（写真4）。塀と路地との境界を植物で飾ることによって、路地と屋敷地を間接的にやさしくつないでいる。

写真4　路地と屋敷地を植物でつなぐ

写真5　屋敷地内を少し用いて敷際に建物をつくる

このタイプが圧倒的かと思ったが、敷際に建物が建てられている箇所が意外に多い。敷際を利用して内を少し取り込んで路地に面した建物をつくり、そこでギャラリーやレストラン、常設の出店やクリーニング店などを開業している（写真5）。たしかに、この方法だと屋敷地の内部をほとんど触ることなく外向きの建物をつくることができる。内とつなぐこともできるし、他人に貸すこともできる。それでいて、内の生活が邪魔されることもない。うまく考えたものだ。路地と屋敷地とを直接的につなぐタイプである。

このように、屋敷地と路地との関係が、じつにゆるやかである。だからといって、両者の境界がはっきりしないというわけではまったくない。それどころか、塀によって内と外はしっかりと区切られている。屋敷地のおもての表情を表層と称するならば、奥行きがありかつ表情豊かな表層、という表現がぴったりする。

長期滞在者は、民宿に泊まってその家族とともに生活しながら、絵画や音楽、舞踊、彫刻といった工芸と芸能を楽しむ。朝食は簡単だがついている。昼と夜の食事は表層部分にもうけられたレストランで、飲み物はおなじく出店で購入すれば済む。しかも食事代などメーンストリートにくらべればはるかに安い。そして、通過型の観光客はここにはまず入ってこないから、静かである。

清閑な屋敷地が観光客向けの装いを示すのは、屋敷地内の民宿をのぞけば、この表層においてである。表層は奥行きを少しもっているから、そこに何か別のものが入ってきても、その奥行きによって吸収され、内にまで入り込むことはまずない。それに、いろいろな要素からなっている表層だから、いわゆる観光施設が立地したところで、それに対する抵抗は少ない。こうした表層で観光あるいは滞在ということを吸収するから、内の生活が観光客によって乱されることもない。こうした仕組みをみずからの居住形式にしぜんに備えている。うまい仕組みだと感心するしかない。

内包混化の村

分棟型の建物が老朽化したりして建て替えあるいは新築される場合、この居住方式はどうなるのか。ある自治組織《バンジャール》で調べたところ、一九九〇年代以降に建て替えたり新築したものが多かったが、建築材料やデザインが変わっても、この方式は変わることがなかった。特に家族の祠と儀礼棟、そして中庭は伝統的な様式が守られている。とすると、この居住方式は、かれらの変わることのないコスモロジー、精神世界に支えられているとみてよかろう。

山と海の方向、日の出と日の入りの方向、そして中庭というかれらのコスモロジーは、住居を内で支える目に見えないものである。それぞれの棟はかれらのコスモロジーに支えられてさまざまなものと習合して、目に見えるものとなっている。だから、棟を新しくしようとしたりすると、逆に、この目に見えないコスモロジーが強く意識されてくるようだ。

人びとの日常生活にもまったく新しい近代的なものが相当数入り込んでいるが、儀礼・信仰に代表されるバリ・ヒンドゥー独自の慣習にかかわる空間、家具、モノについてはこれまでの形式を強く残している。その集合体たる住まいにみられる空間構造は、変化を許容しつつすべてを刷新しない仕組みであり、そのことがそこにある家具やモノにみられる住生活を規定してもいる。含蓄のある仕組みである。

ウブドゥの軸道であり、メーンストリートでもあるモンキー・フォレスト通りの店舗のほとんどが、じつは屋敷地の一部である。その沿道部分つまり表層だけを観光施設にしているのである（図6）。この表層にいろいろな観光施設が立地すると、少なくとも表層の景観つまり町並み景観は混乱するはずである。ところが、このあたりの町並み景観の混乱は感じられない。むしろ、観光施設の立地によってつくり出される総体が、どことなくバリらしさを漂わせさえしているから不思議だ。そうした観光施設をつくるとき、別段に指針をもうけているというわけではないようだから、しぜんにそうなってくるのだろう。

　察するに、バリらしさが求められるとき、そこに住む人びとはもともとそこにあった伝統的デザインを用いること以上に、より上位ともいうべき王宮や寺院のそれをイメージする

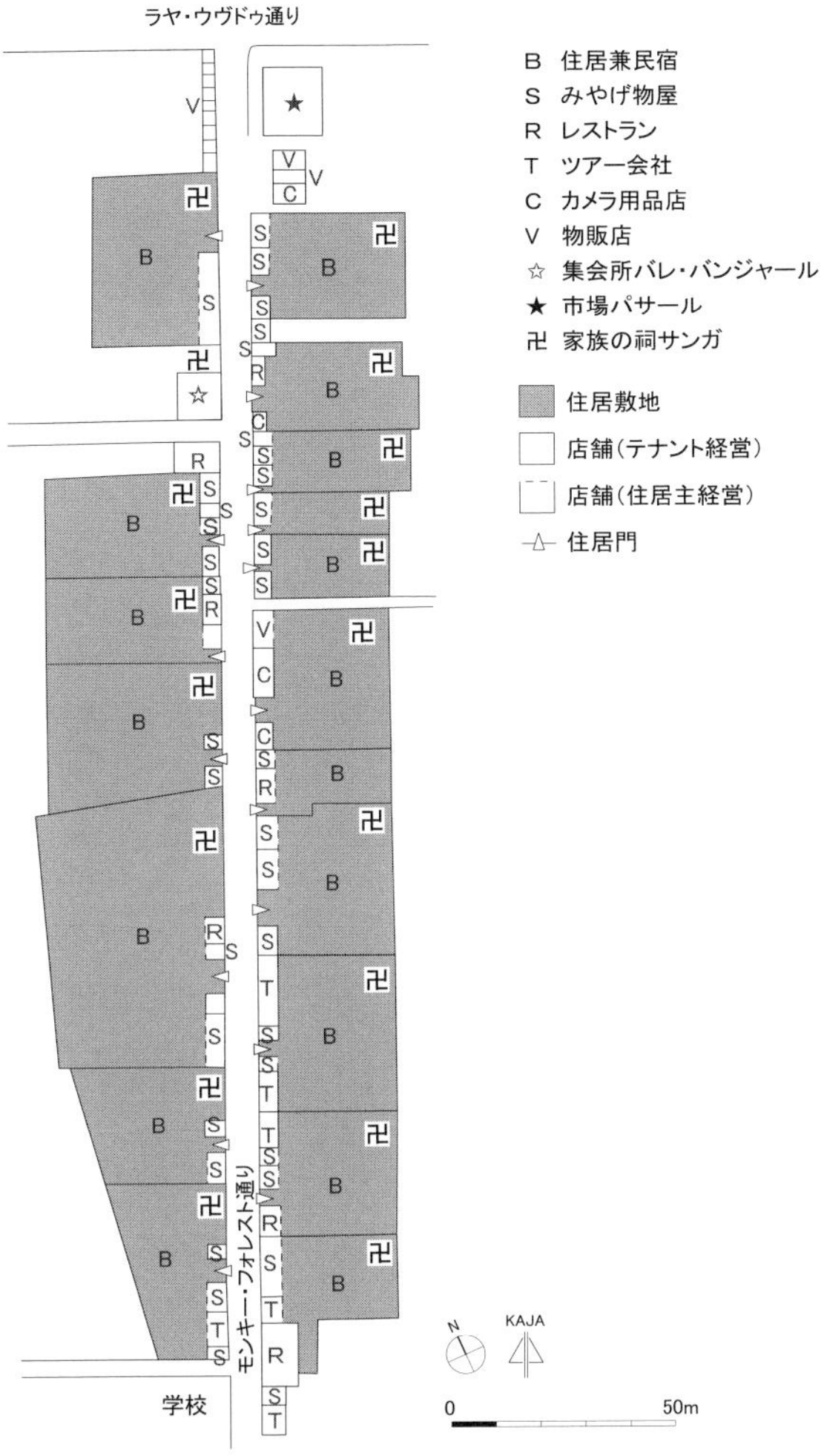

図6　モンキー・フォレスト通りの屋敷地と表層（1993年）

ようである。それは、まったくの異文化のデザインではなく、私たちにはおなじ文化と映るデザインである。かれらの生活空間は確たる型を形成しているにもかかわらず、安定もしなければ新しい型へ転換することもなく、むしろその内部でより複雑化することによって展開しているのである。内包混化である。それがこのバリらしさをもたらしている。

それがウブドゥのそこここでみられるさまは、内包混化の村というにふさわしい。この内包混化が可能となり、それが進展するのは、すでにみた軸道と屋敷地における精神世界、スピリチュアルな生活がしっかりと保持されているからにほかならない。

ここで見られる芸術は、多かれ少なかれ観光客相手に脚色されたものであるが、基本的に人びととの日々の暮らしとともにあるものである。したがって、私たちが芸術村にひきつけられるのは、芸術が生きているそこでの暮らしのなかに身を置くことにある、と考えてよい。

それを敏感に感じ取った芸術村の人びとは、分棟型の屋敷地とその表層を知らず知らずに用いて、みずからの生活を変えることなく、海外からの人びとを受け入れ、それをみずからの生活の向上にむけるようになったのであろう。それだからこそ、ウブドゥの軸道などで、儀礼がふつうに繰り広げられるのだ。芸術村という観光地だからといっても、かれらの生活空間は何も変わっていない。

（川西尋子）

第2章 村の起源が見えがくれする

トゥンガナン――東部丘陵の地主村

東部丘陵とは

バリ島の東部地域は、カランガッスムとよばれている。その中央に、バリ島のもっとも聖なるアグン山がある。アグン山は活火山である。平野とよぶことができるほどの平坦地は少なく、山裾がそのまま海になだれ込むような形となっている。この山裾を東部丘陵とよぶことにしよう。

この東部丘陵にトゥンガナンがある。

バリ・ヒンドゥーが進展する（1章参照）前、ウブドゥの少し東を中心にバリ島で勢力を張っていたワルマデワ王朝（一〇－一四世紀）がこの地域に開拓者を派遣して開いたと言い伝えられている村である。

このあたりの風景は東部地域のなかでもちょっと変わっている。それを実感するのは、州都デンパサールなどの平地からやってきたときだ。州都から少し内陸を走って北東に三〇キロほど、天然の塩の産地クサンバで、やっと右手に海岸線を眺めることができる。塩田は清めの塩の産地として聖地と関係がある場合が多い。いまは聖水で清められている。ここまで来ると、平地に水田が広がる光景はバリ島南部と変わらないのだが、海に向かって舌状に突き出た丘がぼこぼことある。アグン山の噴火によりできた丘にはサボテンなども自生しているが、麓からは水が湧き出ている。東部丘陵と名づけたゆえんである。

この先にある丘を越える途中で、分かれ道となる。右に行けば、天然の入り江を利用した良港としてふるくから使われ、現在はフェリー乗り場があるパダンバイである。ここにはジャワの高僧クトゥランが創建したシラユクティ寺院があ

写真１　グンガンの丘

る。寺院の事跡を記した碑文にはサカ歴九二三年（一〇〇一）という日付が記されている。当時、ヒンドゥーの九派が争っていたため、その争いを鎮めるためにクトゥランをはじめとしたジャワ僧たちと各宗派の代表者による会議が開かれ、ブラフマー、ヴィシュヌ、シヴァの三大神《トウリ・ムルティ》に統一することに成功したという。さらに、クトゥランは慣習村《デサ・アダット》を支える三大寺院体系と家族の祠《サンガ》をバリ島にひろめたという。三大寺院体系とは、村の起源の寺院《プラ・プセ》、村の守護寺院《プラ・デサ》（あるいはバレ・アグン寺院）、死者の寺院《プラ・ダレム》の三つをさす。これが受け継がれたのだろうか、いま、バリ・ヒンドゥーの世界でこの寺院体系と家族の祠をみることができる（1章参照）。

分かれ道を通り過ぎ、平地を抜けて丘をふたつ越えると、平地の先にグンガンの丘が見える（写真1）。トゥンガナンは、このような丘にある。そして、そこでは、インドでこの三大神に先立って奉じられてきたインドラ神が見えがくれしている。

三つの丘に囲まれた集住地

集住地は、標高三〇〇メートルほどの丘に三方を囲まれた小扇状地に開かれている。しかも、塀でしっかりと囲い込まれている。その南端の少し高いところに、大きな門が取り残されたように、ポツンと建っている。集住地の南門である。いまはまったく使われていない。

この地への定住のことが、村の起源譚として語り継がれている。

一〇世紀、ウダヤナ・ワルマデワ王の治世に、供犠祭を王都のプンガストラン寺院で開くこととなった。その直前に、生け贄となる角のある王の愛馬が逃げ出した。その捜索のために、王の信頼する一〇人の従者からなる小隊が東に向かった。海岸で宿営し、そこから馬が簡単に登れそうな高さの丘をめざした。そして丘の北東の隅で息絶えたばかりの馬を発見した。その褒美としてこの地を与えられた小隊の男たちは、幾月かののち、家族を連れてきて居を定めた。当時グトゥガハン（丘に囲まれた平原の真ん中という意）という名だったこの土地は、現在ではトゥンガナン・プグリンシンガンとよばれている。小隊の一族は互いに仲良く暮らすことを誓いあい、そのとおりに生きた。今日でも、かれらの末裔たちは部族内だけで結婚し、慣習にしたがって生活している。一方、島の北部に行った探索隊は馬を発見することができず、王国に帰ることを恐れたかれらは北部にとどまり、ブラタン村を開いた、という。

この起源譚にはさまざまなバージョンが存在する。一八四一年の火事で村の聖なる書物が焼けてしまったということもあるが、バリ島では聞き取った人の数だけ異説があると思ってまちがいない。

このようにしてかれらは新天地を切り開いたのだが、これは馬を犠牲に捧げる「馬祀祭」である。インドに侵攻したアーリア人の口承聖典「ヴェーダ」にのっとったこの祭式は、社会の変化とその後の仏教などの影響により衰退する。しかし、四世紀になると、領土拡大を目的として、北インドではさかんにおこなわれるようになる。そのことは碑文や貨幣に記され、そのころに成立した古代叙事詩『ラーマーヤナ』にも登場する。

馬祀祭は、馬を生きたまま連れ帰って供犠することで成立する。しかし、起源譚では、馬は死んで発見されている。にもかかわらず、王からの褒美として土地が与えられたというのは、どうも釈然としない。かれらの移住を祭式になぞらえているが、実際はもっと現実的な理由があったのではないかと思われる。

起源譚に登場するプンガストラン寺院は、ウブドゥから南東へ五キロメートルほどのブドゥルにいまもある。この寺院には起源譚の信憑性を裏づけるかのような「角のある馬」の石像があるが、後世になって設置されたものである。トゥンガナンの集住地の北門を出た森の中に同名の寺院（図1の42、以下同）が一九一七年に完成するまで、村人たちはブドゥルに出かけて寺院の開基祭《オダラン》に参加していた。そこにあったブダウル朝の王を祀っているという。いまは、ブドゥルの人びとがここでの開基祭に参加している。

そのブドゥル近くを流れるプタヌ川（呪われた川の意）について、伝説がある。それによれば、インドラ神に敗北した魔王の口から出た水で川は赤く染まり、稲を育てると茎から血がふき出し、灌漑はもちろん、沐浴にも使われなかったという。この伝説が、銅の精錬にともなう鉱毒による汚染を暗喩的に示しているとすればどうだろうか。たしかに、川の上流にある村では銅鼓の鋳型が発見されている。さらに一〇世紀ごろの王たちは、たくさんの銅板碑文《プラサスティ》を発行している。どこかで銅の精錬をおこなっていたことは明らかである。河川も土壌も汚染され、暮らせなくなった人びとが移住を余儀なくされても不思議ではない。さきの起源譚はこのことと関係しているのかもしれない。このインドラ神がトゥンガナンに見えがくれしているからである。

集住管理のためのひろば

集住地には、南端の脇にある小さな門（2）から入る。来訪者が記帳するための小屋があり、伝統的な村の環境を保全するための喜捨が募られる。入場料というわけだ。その前にはアタという植物でつくるみやげ物などを売る店と駐車場がある。門は少し前まではとても小さく、木戸をくぐり抜けるようにして入らねばならなかった。

門を入ると、ひろばに立つ一本の大きなワリギンの木が目に入る。バリ島の人びとが等しく聖樹として崇めているが、仏教とも関わりが深い。ここから北に向かって、帯状にひろばが続く。バリ・ヒンドゥーの人たちは山の方向というが、かれらは上流の方向という。

ここは、三本ある帯状ひろばのうちもっとも西側にあたる。南北に走る帯状ひろばはアワンガンとよばれている。集住地の中を走る広い道であり、家々の前庭でもある（写真2）。それが上流のほうに向かって、石積みの斜路（以前は石段）を七か所つくって徐々に高くなっている。ひろばを見渡せば、石の基壇、石積みの塀、石畳など、石ばかりが目につく。これほどまでにたくさんの石があるのは驚きである。何か理由がないかぎり、これだけ大量の石の確保はむずかしいのではないか。

ひろばの幅は二五メートルほど。それが二八〇メートルほど続いている。じつに大規模である（図1）。ひろばの中央に、

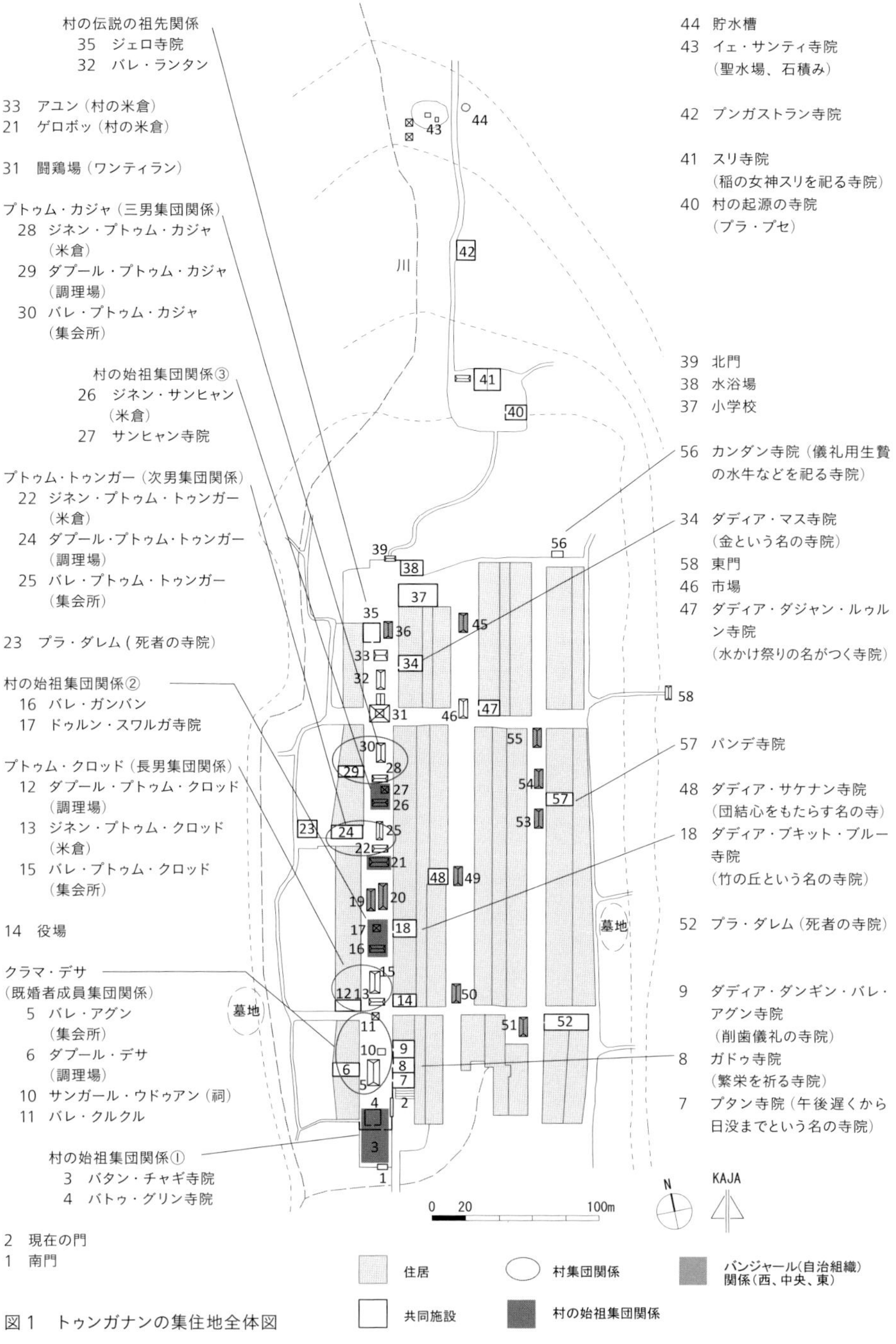

村の伝説の祖先関係
35　ジェロ寺院
32　バレ・ランタン
33　アユン（村の米倉）
21　ゲロボッ（村の米倉）
31　闘鶏場（ワンティラン）
プトゥム・カジャ（三男集団関係）
28　ジネン・プトゥム・カジャ（米倉）
29　ダプール・プトゥム・カジャ（調理場）
30　バレ・プトゥム・カジャ（集会所）
村の始祖集団関係③
26　ジネン・サンヒャン（米倉）
27　サンヒャン寺院
プトゥム・トゥンガー（次男集団関係）
22　ジネン・プトゥム・トゥンガー（米倉）
24　ダプール・プトゥム・トゥンガー（調理場）
25　バレ・プトゥム・トゥンガー（集会所）
23　プラ・ダレム（死者の寺院）
村の始祖集団関係②
16　バレ・ガンバン
17　ドゥルン・スワルガ寺院
プトゥム・クロッド（長男集団関係）
12　ダプール・プトゥム・クロッド（調理場）
13　ジネン・プトゥム・クロッド（米倉）
15　バレ・プトゥム・クロッド（集会所）
14　役場
クラマ・デサ（既婚者成員集団関係）
5　バレ・アグン（集会所）
6　ダプール・デサ（調理場）
10　サンガール・ウドゥアン（祠）
11　バレ・クルクル
村の始祖集団関係①
3　バタン・チャギ寺院
4　バトゥ・グリン寺院
2　現在の門
1　南門
44　貯水槽
43　イェ・サンティ寺院（聖水場、石積み）
42　プンガストラン寺院
41　スリ寺院（稲の女神スリを祀る寺院）
40　村の起源の寺院（プラ・プセ）
39　北門
38　水浴場
37　小学校
56　カンダン寺院（儀礼用生贄の水牛などを祀る寺院）
34　ダディア・マス寺院（金という名の寺院）
58　東門
46　市場
47　ダディア・ダジャン・ルゥルン寺院（水かけ祭りの名がつく寺院）
57　パンデ寺院
48　ダディア・サケナン寺院（団結心をもたらす名の寺）
18　ダディア・ブキット・ブルー寺院（竹の丘という名の寺院）
52　プラ・ダレム（死者の寺院）
9　ダディア・ダンギン・バレ・アグン寺院（削歯儀礼の寺院）
8　ガドゥ寺院（繁栄を祈る寺院）
7　プタン寺院（午後遅くから日没までという名の寺院）
川
墓地
墓地
0　20　100m
N
KAJA
住居
村集団関係
バンジャール(自治組織)関係(西、中央、東)
共同施設
村の始祖集団関係

図1　トゥンガナンの集住地全体図

一本の細い石組みの水路が南北方向にもうけられ、その上をまたぐようにして、建物がところせましと中央に連なって建てられているから、また驚きである。

水路は干上がっているが、ときおり思い出したように上流から水が流れてくる。どこかで水門管理しているということだ。かつては、丘から引かれた水路は、集住地の北門の横（現在の水浴場、38）で二手に分かれ、ひとつはこのひろばへ、もうひとつは中央のひろばへと通っていた。いまは、中央のひろばには水路はない。何か重要な機能をもってつくられたにちがいない。その形は、山土を崩して水で流し、高低差を利用して砂鉄を取り出す仕掛けである鉄穴《かんな》流しの水路をほうふつとさせてくれる。

ひろばには、みやげ物のロンタル（刻んだ精緻な模様や文字に炭を塗布したヤシの葉）をつくる人以外に、人の気配はほとんどない。昼間のひろばは直射日光が容赦なく照りつけ、とにかく暑い。木陰はすでに水牛が占領している。供犠祭のために飼育されている家畜のひとつだ。

そのひろばの中央に連なる建物は、二五ほどある。その多くが、石積みや煉瓦で築かれた高さ一メートル前後の基壇の上に、草葺き屋根の高床建物をのせた構造になっている。内部は柱だけの吹き放ちである。壁でしっかりと囲まれた、ひろばに面した住居とあまりにも対照的である。

ひろばに入ってすぐに目につくのが、バレ・アグン（5）である。高い石積み基壇の上に建てられた上流下流方向に長い吹き放ちの木造高床建築の集会所である。ひときわ大きく、見上げるほどに高い（写真2参照）。上流側の一面にのみ壁がついている。その東側が大きな空地としてとられており、そこから建物に上がるようになっている。東側が指向されているようである。東はインドラ神が守護する方位である。慣習村《デサ・アダット》ではバレ・アグン寺院となっていることが多いが、ここでは寺院とはなっていない。

村の集住規則《アウィッグ・アウィッグ》によると、毎月一日に、村の既婚者の成員《クラマ・デ》集《サ》団の集会がここで開かれる。集会には男性のみが出席し、上流側から序列にしたがって座る。そして、村のすべての成員は、年に一度ここに米などを持ち寄って集まり、お祈りをしなければならないとある。

このすぐ上流には、集会などの合図を送る木の太鼓《クルクル》を下げた建物と祠がある（写真3）。ひろばの西側の住居列には、村の儀礼時に使われる調理場がある。これらの施設が、ひとかたまりになって配置されている。村の米倉は、もう少し上の

写真２　トゥガナンの帯状ひろばアワンガン。左の建物はバレ・アグン

写真３　バレ・クルクル（正面）と祠（右手前）。中央に石組みの水路が走る

ほうに二か所（21、33）ある。

こうした集会所と米倉と調理場の組み合わせは、三か所の未婚男子集団の集会施設《バレ・プトゥム》（15、25、30）にもみられる。上流に向かって長男、次男、三男の各グループの順に置かれている。若いグループほど上流にある。

集会所は、そのほかに、村内の西、中央、東の三つの自治《バン》組織《ジャール》のものがある。このひろばには、西自治組織の二か所の集会所と供物のための建物がある。中央ひろばには三か所、東側ひろばには四か所の集会所がある。これらには調理場や米倉はない。

これらの施設が、ひろばのかなりの部分を占めて置かれている。すべて、村の集住を管理するための施設である。ということは、このひろばは、たんに人びとが暮らすためのひろばではない。集住管理というはっきりとした目的をもったひろばである。そういうひろばをいだいて、集まって住んでいるのである。

こうして調べ歩いていると、闘鶏場《ワンティラン》の上流側にある建物（32）の東側の空地に人だかりができて、煙が立ち込めている。のぞいてみると、ちょうど豚の解体が始まろうとしていた（写真４）。かれらはよそ者の私たちを気にするふうはまったくない。ここでも、東側が指向されているようである。

ふと見ると、準正装をした婦人たちが連れだって、ひろばを上っていく（写真5）。バレ・アグンでの用を終えて帰っていくのだろう。

それにつられて、ひろばの最上流部に行くと、水浴場がある。いつも水が出ているわけではないが、丘の泉から引いてきている。そのすぐ下流側に、近代的施設の小学校とバトミントン・コートがもうけられている。

墓地は、集住地の外側の東西にある（図1参照）。村では火葬はおこなわず土葬である。土葬は「地から生まれ出たものは燃やすことなく、そのまま地に戻すべし」という地母神を母にもつインドラ神の教えにしたがっているからだというが、供犠祭や鍛冶師にとって重要な聖火を汚すことがないようにしているのである。

始祖を見て暮らす

集住管理のための施設ばかりが目立つひろばだが、これ以外に、興味深いものがある。

ちょっと気づかないが、現在の門（2）を入ったすぐ左手、ひろばの最下流に、村の創設時の職業集団の始祖たちが祀られているバタン・チャギ寺院（3）がある。アサムの木（英語名タマリンド）が生い茂る一角に、石が積まれただけの台座が並んでいる。バタンは、種族、血統を意味する。上流側の台座がインドラ神（雷神、東を守護する神）、下流に向かって、東西に五つずつ縦に台座が並ぶ。

インドからの交易品としてバリ島にもたらされたというアサムの木の実は食用と薬用、パルプは金属磨きに利用できる。このことから察するに、いまは寺院であるが、もとは金属磨きか何かの作業場ではなかったか。村の成員以外の立ち入りを禁じているということは、かれらにとって非常に重要な場であるにちがいない。

東西に並ぶ台座は、上流側から、祭祀集団のサンヒャン（神聖の意）とイジェン、バトゥ・グリン・マルガ（石を転がす一族の意）とバトゥ・グリン、ブラジュリ（兵士）とンバッ・ブルー（竹の桶の意）、パンデ・ブシ（鉄の鍛冶師）とパンデ・マス（金の鍛冶師）、祭祀集団のパセックとブンデサという一〇の職業集団である。現在も村民は全員、これらの職業集団にかならず属しているという。村の起源譚には、この始祖集団と同名の従者が登場する。おそらく一〇人の従者は一〇の職業集団をあらわしているのであろう。村の開設にあたって、これらの職業集団が必要であったということだ。

そして、始祖の職業集団の子孫がかかわる施設が寺院などとしてひろばにもうけられている。

始祖たちを祀る寺院に隣接して、字義から石を扱う職業集団のバトゥ・グリンに所属する住民が祭祀をおこなう一族の寺院（4）がある。

ブンデサが所有して祭祀をおこなう寺院（17）の名前は「天界の宮殿」である。天界を治めるインドラ神の宮殿をほうふつとさせる名前である。隣接する建物では、儀礼時に木琴ガンバンが演奏され、その上部は米倉になっている（写真6）。

写真4　バレ・ランタンの東側で豚を解体する

写真5　バレ・アグンからの帰りの婦人たち

写真6　ドゥルン・スワルガ寺院（手前）とバレ・ガンバン（奥）

写真7　サンヒャン寺院（左）と米倉（正面）

村への災いを追い払う役目をもつサンヒャンに所属する住民が祭祀をおこなう寺院（27）と米倉が隣り合ってある（写真7）。寺院には、カランガッスムの歴代の王を神として祀り、王の古文書《ラジャ・プラーナ》を保管している。集住規則には、毎年、王に貢ぎ物をするとある。サンヒャンの代表者は強い霊力をもつ人格者で、バレ・アグンの集会では、パセックの代表者とともにもっとも上座に座る。

パンデ・ブシ（鉄の鍛冶師）の子孫はおよそ二〇〇年前に途絶え、いまは他村から招致している。そのためか、かれらが祭祀をおこなう寺院（57）はこのひろばではなく、東のひろばの住居列に組み込まれている。かれらはバリ・ヒンドゥーの儀礼をおこなっている。鉄の鍛冶師は、落雷でもたらされた鉄の鍵盤でスロンディン（楽器ガムラン）をつくったという。火を統御して神聖な短剣《クリス》をつくる鉄の鍛冶師は、一介の職人というより、冶金術という秘術をもつ集団とみたほうがよかろう。

金や竹の名がつく寺院（18、34）が住居列にある。始祖集団と関連があると思われるが、ダディアという親族集団の寺院となっている。

ひろばの最上流には、伝説上の祖先のトゥンジュン・ビル（青蓮華の意）を祀るジェロ寺院（35）がある。祖先であるなら、最下流の始祖集団の寺院とともにあってしかるべきであるが、かれは、一四世紀にマジャパヒト王国の侵攻から村を守るために王朝から派遣された将軍であるという説がある。とすると、ひろばの最下流は、集住地の始まりを伝えるもっともふるい始祖の職業集団を祀り、上流には、そう遠くない過去の人を祀っているということになる。

始祖たちは石になっているから、よそ者にはわからない。しかし、かれらにはしかと見えている。

馬石伝説を語る

ひろばの両側に連なる家々は、軒を接してというか、壁を接してびっしりと建ち並んでいる。ひろばからみると、草葺き屋根をいだいた壁ばかりの連続である。この正面の壁の一部に、ごく小さく、ひろばにたいして出入り口がもうけられている。敷地全体は大量の石を使って、ひろばよりかなり高くつくられており、出入り口の前は小さなテラスになっている。ここに斜路や階段がもうけられている（写真8）。採掘などで出た石を使ったと考えれば、このような家々のたたずまいも了解できる。

そうした家の壁に、経緯絣のカイン・グリンシン（病気をしない布の意）などの看板が掲げられている。それを販売しているというサインだ。機織りをめざす女性だけにその技術が伝授され、数年かけて織り上げられる。織物は家宝として大切に保管され、儀礼のときに取り出され、男女とも身につける。その模様はインドラ神の啓示によるといわれるが、南インドに残る経緯絣のパトラの影響が明らかに認められるという。

住居は、間口一二メートル、奥行き一八メートルほどの敷地の、中庭をもった、ちょっと小振りの分棟型である（図2）。おなじ分棟型でも、ウブドゥの形式とは少し異なっている。

内に入ると、ところせましとバリ特有のみやげ物が並べられている。だが、みやげ物をすすめる素振りをまったく見せない。かれらが村の文化観光化をめざしてみやげ物屋を本格的に始めたのは、近くのビーチ・リゾート計画に呼応した一九八〇年代である。その背景には、一九六三年のアグン山の大噴火による村所有の水田の壊滅的な被害があるのだが、どうしてそこまで商売っ気がないのだろうか。その秘密を解く鍵は、村の土地利用にある。

塀で囲まれた集住地のまわりを見渡しても水田らしきものはないが、東の丘を下った谷を流れるブフ川流域の広大な水

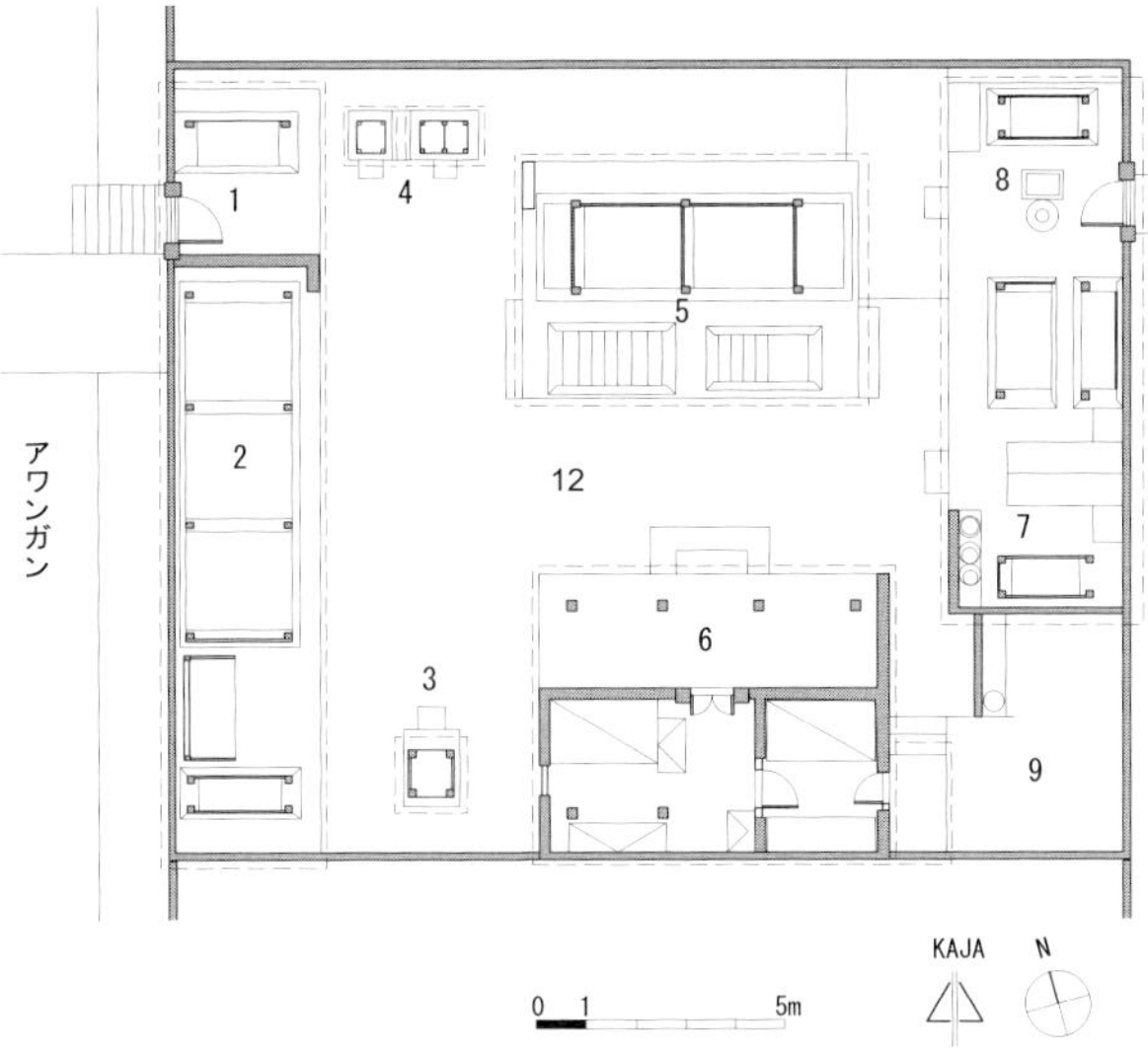

1 正面入り口 ラワン
2 儀礼棟 バレ・ブガ（上流から、神・祖先・人間のための儀礼をおこなう場所、未婚男女トゥルナとダハのための儀礼をおこなう場所、物置あるいは老人のための寝所の３つの場所からなる）
3 祖先を祀る祠 サンガ・クロッド
4 敷地を守る神の祠 サンガ・プシンパンガン
5 儀礼棟 バレ・トゥンガー（上流側の高床部は葬儀の際に死者を寝かせるため、下流側の高床部は誕生の儀礼やその他供物のため、あるいは来客の寝所として、屋根裏は米倉としても使われる）
6 主寝室棟 ウマ・ムテン（物置としても使われる）
7 台所 パオン
8 稲の脱穀場
9 トイレ
10 豚の飼育場 テベ（一段下がっている）
11 裏口 ラワン
12 中庭 ナター

図２　トゥンガナンの住居平面

写真８　ひろばに面した住居

田を村が所有している。現在の面積は約二二四ヘクタールである。

ところが、この広大な水田の農作業に村の成員たちがたずさわることはない。すべて小作に出している。ただし、稲刈りだけは例外である。水田の管理を引き継いだ若者たちが、収穫した稲束を竹の天秤棒にくくりつけ、豊作を感謝して村の寺院を回る。小作人は、水田を取り囲む七つの村、ブグブグ、ティンブラー、アサック、ブンガヤ、カスタラ、マチャン、ンギスの住民で、かれらが属する水利集団《スバック》のもとで稲作がおこなわれる。水田稲作に従事する水利集団との水の配分に関する税の取り決めの会議は、バレ・アグンで開かれる。三期作だから、米の収穫量はかなりのものになる。また、森林の七〇パーセントあまりが村の成員の個人所有である。その森林に他村からの移住者を住まわせ、儀礼に欠かせないヤシ酒《トゥアック》造りを任せている。これもかなりの収入になる。このように、かれらはみずから汗を流すことなく暮らしているのだ。まるで汚れる作業に従事しないインドの司祭階級《バラモン》のようである。この豊かな地をかれらはどのようにして獲得したのだろうか。

じつは、起源譚がこのことを暗喩的に伝えている。

写真9　北のはずれにある聖地カキ・ドゥクン

起源譚が語る、馬を発見した小隊がもらうことになった褒美とは、「馬の横たわる土地」であるが、「その境界は馬の死臭の届く範囲とする」というものだった。知恵者だったかれらは、臭いが遠くまで届くように馬の死体を分解した。そして、生殖器を村の北のはずれに埋めた。のちに聖地カキ・ドゥクン（カキは脚、ドゥクンは薬草による治療師の意）（写真9）となり、子宝に恵まれる祈りを捧げるようになった。胃や腸は北の丘に埋められ、のちにバトゥ・タリキッとして繁栄と豊作の儀礼がおこなわれるようになった。首とたてがみはやはり北の丘のランブッ・プリに埋められた。脚は西の丘に埋められ、ここで男子の成年式《タルナ・ニヨマン》がおこなわれるようになった。そして馬が死んだ場所はバトゥ・ジャラン（馬石の意）と名づけられた。かれらはこれらの場所を清め、巨大な石を置いて永遠の記念碑とした、という。「馬石伝説」である。

そこに巨石を置いた。それは、神の降臨の場のしるしではないか。

古来、神は落雷となって天から降臨すると信じられてきた。その落雷で裂けたり焼け焦げたりした樹木やそのそばにある岩石が神座となった。しかし、どこに雷が落ちるか予測がつかないため、祭祀は神が降臨した場所を探すことから始められた。やがて、神座を固定して、その前で重要な儀礼をおこなうようになった。トゥンガナンの場合は、巨石を神座として固定配置したと考えられる。

落雷は、ふたつのことを意味する。まず、雨、つまり水である。雷は田に水を与え、天に帰る神である。すなわち、インドラ神である。天空を支配し、雨と稲妻を操る神である。

それはまた、もうひとつのことを意味する。落雷による火災で、丘の大地に含まれる磁鉄鉱（砂鉄）が平板となってあらわれることである。村に伝わる、落雷によって鉄の鍵盤がもたらされたという象徴的な出来事がそれを物語っている。

さらに、この神は千の目をもつとされるが、それは金銀鉱石を投入するミシン目のある溶融濾過器のことであるとして、錬金術の寓意だとみる向きもある。古代インドでは、金は不老不死の薬《アムリタ》である。純度の高い金をつくるために、馬の骨を使用していたという。起源譚の馬の死体は、錬金術を寓意していたともとれる。

火山の噴火でできた丘は豊富な湧水に恵まれ、表層の火山岩には金属が含まれている。その丘を三つもつトゥンガナンは申し分のない場所である。職業集団からなる始祖たちはそのような地をさがし求めて、ここにたどり着いた。そのことを起源譚は語っているのではないか。

水田開発と採掘

では、何のためだったのか。それは、採掘と水田開発のためである。起源譚がいうワルマデワ王朝の時代には、すでにバリ島の米も金属製品も主要な交易品であった。

いま、バレ・アグンの東側の空地には方形の石板が埋められている。儀礼のさいにはヤシ酒を石板に注ぎ、舞踊が奉納される。あたかもインドラ神が好んだソーマ酒を注いでいるかのようである。それは、森の巨石を場にした祭祀の場を人びとがつねに暮らすひろばにもってきたといってよかろう。

ちょうどその前にあたるが、ひろばの下流、現在の門を入ってすぐの住居列に、低い石積みの塀で囲まれた「午後遅くから日没まで」という名の寺院（7）がある。不思議な名前である。古代インドでは、鉱山長官《ヤクシャ》が金の細工師から道具と未完成品を受け取り封印する時間だという。それにならったのだろうか。ここは、かつては、金属の細工場だったのか。

これに、低い石垣を隔てて、繁栄を祈る寺院（8）が隣接している。これも周囲は石積みの塀である。さらに、これらの寺院の前のひろばには、かつての名残の石段が残され、そこに石像が建っている（写真2参照）。よく見ると、鬼面のようなものを胸に下げている。インドにおける平民の錬金術集団ヤクシャ（薬叉あるいは夜叉）の王クベーラ神の像であろう。この神は森に棲み、聖樹とともに表現されることが多く、水とも関わりが深い。埋蔵物の守護者であり、財宝を守る神とされているが、地中の鉱石や貴石を掘り起こすことができる。ちなみに、長官を示すサンスクリット語はヤクシャが使われる。

採掘や冶金をおこなったと思われる痕跡はまだある。集住地の北門を出て、かつては沢ではなかったかと思われる石畳の坂道を登っていくと、大きなワリギンの木が立つ、切り開かれた野原に出る。そこに村の起源の寺院《プラ・プセ》（40）と稲の神を祀るスリ寺院（41）があるが、寺院を建てるために切り開いたとは考えにくい。村の起源の寺院は、たくさんの石を用いた二段の基壇の上に建つ。その中央の祠も石積みの階段がついた基壇の上に建てられている（写真10）。金属を採掘していた鉱山跡には大量の石や石積みが見られるが、日本の製鉄跡「たたら場の石積み」にも似ている。

写真10　トゥンガナンの村の起源の寺院

さらに登っていき、さきに言及したプンガストラン寺院（42）を過ぎると、水の音が聞こえてくる。そこに石積みで囲い込んだ一画がある。イェ・サンティ寺院（43）である。いまはこの近くに貯水槽（44）が設置され、そこから集住地に水が引かれている。その昔、天女が水浴びをした地として、聖地になっている。ここが鉄穴流《かんな》しの「ため池（かんな池）」だったのではないか。ここに、砂鉄を含んだ土砂を入れる。軽い土砂は人工の水路を流れて下流に排出され、砂鉄は池の底に残る。それを繰り返すことで良質の砂鉄採取が可能となるのである。水田開発に鉄製の道具は不可欠のものである。そして、その土砂や石を用いて集住地を造成したのではないか。門を入ってひろばに石が多いことに気づいたが、それはこれゆえではなかったか。

とすると、トゥンガナンの集住地も丘の大地も、かれらの起源をしっかりと伝えている。

ふるいインドが息づいている

こうしてみてくると、トゥンガナンの村人の出自は古代インドと深くかかわると考えてよいであろう。インドの「ヴァルナ（四種姓）」と「ジャーティ（世襲の職業集団で内婚制度をもつ男系集団）」とおなじような制度が、バリ島の王朝が発行した碑文にもみられる。バリ島のカーストはインドのそれにくらべてゆるやかなものといわれているが、社会階級を示す「チャトル・ワルナ（チェスの色の意）」と「ウンダギ」とよばれる職人技能集団（大工、石工、船大工など）、熟練工集団（鍛冶師や金属細工師）などの職業集団が存在する。また、古代インドでは、冶金術や錬金術をもつ司祭階級と平民の技術集団がいたとされ、後者の王であるクベーラは財宝神として司祭階級に崇められたが、平民の技術者は追放され、海路によりアジアへ逃れたのではないかといわれている。とすると、かれらの一部がバリ島に流れ着いたと考えても、おかしくない。

そのような社会構造を、かれらは集住地の形としてあらわし、三本の帯状のひろばに分かれて住んでいるのではないか。トゥンガナンの村人全員が始祖のいずれかの職業集団に属し、それぞれ内婚のコミュニティを形成しているのは、かれらが代々受け継いできた錬金術、冶金術、薬術、呪術、占星術などの秘術の流出を防ぐためではないか。

古代インドの『実利論《アルタシャーストラ》』には、「国庫は鉱山を源とする」とある。バリ島の古代王朝もこの考え方を踏襲していたと思われる。というのは、王朝の碑文の多くが銅板であること、碑文にはしばしば修行僧の僧院が海賊や盗賊に襲われていることが記されているからである。秘術をもつ僧侶たちが主導して採掘や冶金をおこなっていたと考えれば、事件が起こるのも理解できる。そして、何といってもバリ島の水田、特に棚田の多さである。その開発に鉄器は必要であるが、鉱山跡地（鉄穴《かんな》流し跡）を利用して、その地形を生かして棚田を開くことができる。また、鉄穴流しの技法を用いて棚田を造成することも可能である。

移住してきたこの地では、すでに、丘だけでなく、川においても砂鉄や砂金が採掘され、冶金がおこなわれていたのではないか。それを覆い隠すために、起源譚には馬の探索として。もしそうなら、水田開発は容易にすすんだであろう。しかるのちに、砂鉄は枯渇し、製鉄もおこなわれなくなったが、水田開発の結果、地主村としての地位を獲得したかれらは、その起源である水路をひろばに残し、その上に建物を建て、祭祀儀礼をおこなう民となった。いまなおそのさいに唱えられる神への讃歌が錬金術や冶金術の寓意であったとしても、トゥンガナンの生活空間にそのことが見えがくれしていても、誰もそれに気づかない。

（川西尋子）

第3章 ふたつの原理で集まって住む

ティンブラー

——東部丘陵の水田稲作地

ひろばを内にいだく村

ティンブラーは、東部丘陵の一角をなす丘陵地の先端、標高八〇メートルから一〇〇メートルほどのところに開かれている村である。そこから数キロメートル下れば、もう海岸である。

村の人口は五五七世帯二六九〇人（一九九四年）。ブンデサとよばれるかつての統治者の子孫というごく一部の人びとをのぞいて、すべて平民《スードラ》である。村の歴史について正確なことはほとんどわかっていない。人びとの話では、かつて、ここにはパティマという集落があった。ところが、アグン山が噴火して、全滅した。その後、移住者が住み着き、ティンブラーという名前になったのは、一六八三年のことであるという。ただし、年代は不確かである。おなじ東部丘陵にあるトゥンガナン（2章参照）がもつ水田を借り受けて稲作をおこなっている村だから、もっとふるいのではないかと思う。当初は、七五人が村をつくり、それを四つのバンジャールに分けたという。そして、おもに水田稲作を営んだことが集団のあり方を大きく変えた。どんな村になったのか。

この村に行くために幹線道路で乗り換えた使い古しの軽ワゴンの乗合バス《ベモ》が、まばらな木立の中、でこぼこの坂道をゴソゴソと登っていく。道路からはっきりとは見えないが、西側に、向こうのほうにある川にゆるやかに落ち込んでいくように水田が広がっている。水田が少ない島東部で、まとまった水田が見られる一帯である。その多くはトゥンガナンの所有で、その一部を小作として請け負っている。

ものの一〇分も乗っただろうか。大きな割れ門《チャンディ・ブンタル》が見えてくる。どことなく不釣り合いだ。そこを回りきると、突如、眼前に、大きな空地が広がる（写真1）。

壁のない吹き放ちの長細い建物に上半身裸の大人が寝そべっている。空地では子どもが遊んでいる。村がぐるりと空地を取り囲んでいるようだ。まるで村の中庭である。知らぬうちに他人の家の中に土足で入り込んだような錯覚に陥る。

この空地は、いったい、何なのだろう。迷わず、ここを駆け巡った。

海と山の方向に長く広がる、少し変形したかなり大きい帯状のひろばである。幅二五メートルから四〇メートル、長さは二〇〇メートルほど（図1）。

規模だけをみればけっこう大きいひろばなのだが、中に入ってみると、意外に狭く感じる。それというのも、このひろばの中に、建物あるいは塀で囲まれた区画が七つもあるからだ。それもかなり大きめのものが多い。

ひろばの山側には、村の起源の寺院《プラ・プセ》、長老の寺院《プラ・ワヤ》、プラ・パンティとよばれる母系信仰集団《プマクサン》の寺院がある。起源の寺院はその位置と建物からして明らかに後世、それも近年にここにつくったものである。これらの建物は塀でしっかりと囲い込まれている。ひろばの中ほどには、二棟からなる集会所《バレ・ランタン》、ガムランの演奏場《バレ・ゴン》、村を守護するバレ・アグン寺院がある。これらはすべて壁のない吹き放ちの建物である。ひろばの海側には塀で囲い込まれた父系親族集団《パウマン》の施設がある。死者の寺院《プラ・ダレム》はこのひろばのもっと海側、集住地からはずれたところ（図5の26）にある。

ひろばの中にサッレ・トゥンガーとよばれる空地がある。中央境界という意味である。最初に入り込んだところだ。その空地が、ひろばのほぼ中央の位置にあることから考えれば、集住地はどうやらひろばから、それもひろばの中央を定めることから始められたのではないかと思われる。少なくとも、中央という概念があることがわかる。ひろばは何らかの意図と意味をもってつくられている。

建物の種類から考えると、ここはティンブラーという村の草分けの地、「草分けのひろば」のようである。それは、長老の寺院などで結束を誓い、父系親族集団の施設で結束を固め、村を守護するバレ・アグン寺院で結束を確かめる、二重、三重の結束の装置ということであろうか。人びとは、そうした建物で埋められた帯状のひろばを囲むようにして、集まって住んでいる。

ひろばを歩き回って、ちょっと疲れた。何人かの村人が休

写真１　中央境界という意味の空地サッレ・トゥンガー（図１の５）

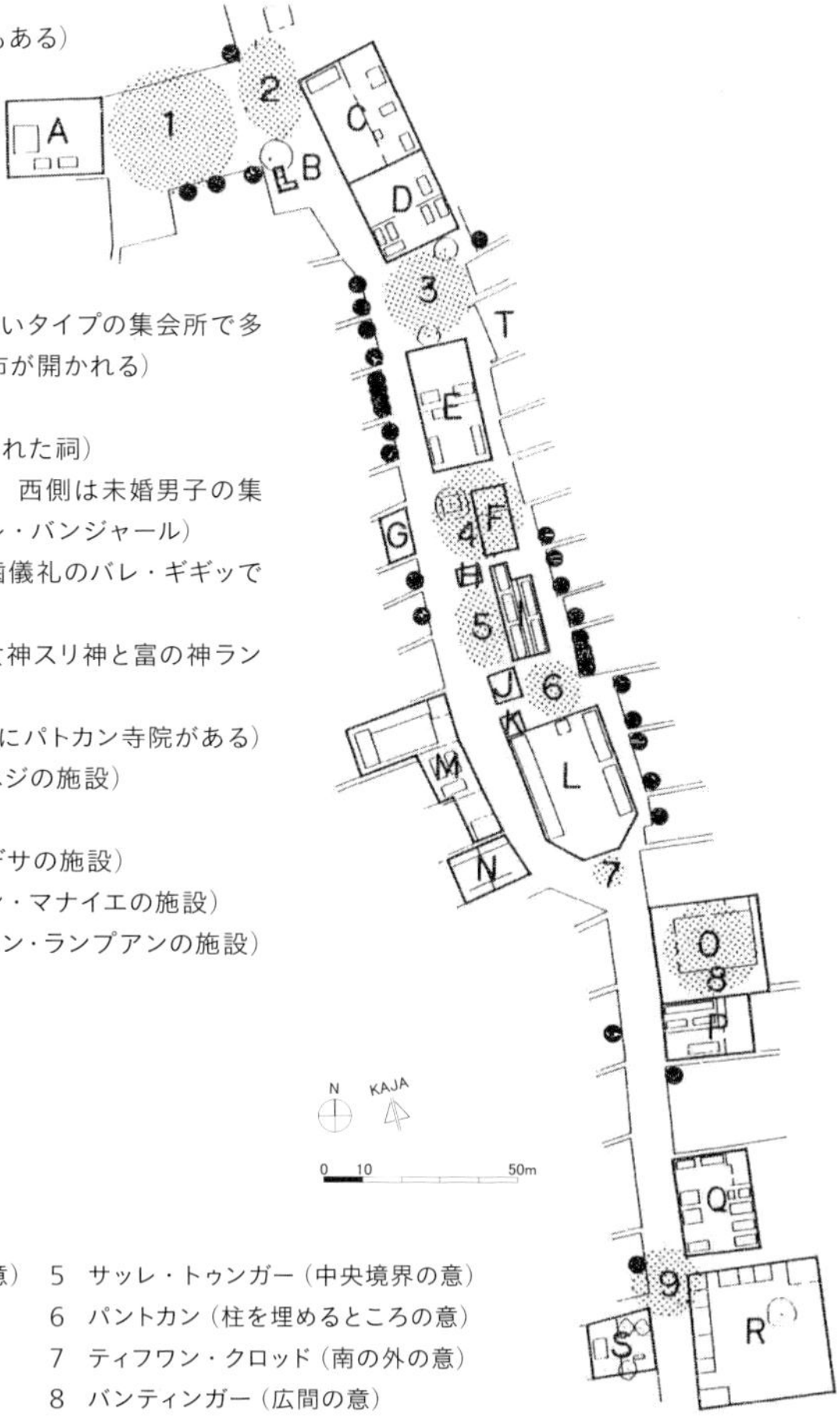

A　プラ･プセ（村の起源の寺院。サケナン寺院もある）

B　トゥングー・ジャラン寺院（道を守る寺院）

C　ワヤ寺院（長老の寺院）

D　パンティ・カレル寺院（母系信仰集団プマクサン・カレルの寺院）

E　パンティ・トゥンガー寺院（母系信仰集団プマクサン・トゥンガ―の寺院）

F　サンガール（バレ・マシャラカッ。村の新しいタイプの集会所で多目的ホール。テレビや卓球台などがある。市が開かれる）

G　LPD（村落銀行。新しい施設）

H　バグース・パンジー寺院（土地の神に捧げられた祠）

I　バレ・ランタン（長細い建物の意。集会所。西側は未婚男子の集会所バレ・トゥルナ、東側は村の集会所バレ・バンジャール）

J　バレ・ゴン（楽器ゴンの演奏場。もとは削歯儀礼のバレ・ギギッであった）

K　スリ寺院とランブット・スダナ寺院（稲の女神スリ神と富の神ランブット・スダナ神を祀る寺院）

L　バレ･アグン寺院（村の守護寺院。中央上手にパトカン寺院がある）

M　パウマン・ベジ（父系親族集団パウマン・ベジの施設）

N　プルマンディアン（公衆沐浴場）

O　パウマン・デサ（父系親族集団パウマン・デサの施設）

P　パウマン・マナイエ（父系親族集団パウマン・マナイエの施設）

Q　パウマン･ランプアン（父系親族集団パウマン･ランプアンの施設）

R　パサール（市場）

S　ブボト寺院（賭け事の寺院）

T　ピイッ寺院（女子のみが入ることができる）

●　ワルン（常設の出店）

1　ハマラン・プラ・プセ（プラ・プセのひろばの意）

2　メフー（もとプラ・プセがあったところ。塔を意味するメルーがなまったという）

3　パンレサン（紐解くところの意）

4　バタン・ビンジ（バニャンの木の意。今はバニャンの木はない）

5　サッレ・トゥンガー（中央境界の意）

6　パントカン（柱を埋めるところの意）

7　ティフワン・クロッド（南の外の意）

8　バンティンガー（広間の意）

9　スガフ（悪魔に生け贄を捧げるところ）

図１　ティンブラーの帯状のひろば

んでいる集会所にかかってに上がって仰向けに寝転がる。かれらの視線がこっちに向けられているのがひしひしと伝わってくる。板床のふしで背中が痛いが、風が通り抜けて心地よい。ふと、平地のウブドゥでみた集住地の軸道（1章参照）は、この種のひろばが伝えられ、あるいは習合し、それが形式化したものではないかという思いが頭をよぎった。

農耕集団から村集団へ

なぜ、かれらはここに集住するようになったのだろうか。それは、バレ・アグン寺院（図1のL）が語ってくれる。

バレ・アグン寺院は、西側のバレ・アグンとよばれる大きな集会用の建物と、東側のバレ・プジュネンガンという主として調理や供物のための建物、それらにはさまれた中央空地、そしてパトカン寺院からなっている。パトカン寺院は一辺が二、三メートル、高さ五、六メートルの方形の寺院で、祠といったほうが正確かもしれない（写真2）。

こんな小さな祠の寺院だが、その位置がふるっている。中央空地の山側正面にまるで威を誇るかのように、ふたつの大きな建物の屋根より高く建っている。そのさまはパトカン寺院がもっとも重要なものであることを示しているようでもある。

建物は、サトウヤシの葉で葺かれた方形屋根の四本柱の吹き放ちで、三段にしつらえられた石の基壇の上に建っている。基壇の正面にもうけられた階段を上っていくと、四本柱の中に収められた木製の扉付きの極小の建物にたどり着く。そこにはロンタルヤシの葉に書かれたティンブラー慣習村《デサ・アダット》の集住規則《アウィッグ・アウィッグ》が納められている。それゆえに、際立つようにしつらえられているのであろうか。集住規則は共同体原理にもとづくものである。村という共同体が集住にあたり規約をつくることは当然のことであるからである。

この寺院が際立っているため、つい見過ごしがちだが、よく見ると、バレ・アグンのすぐ山側に張りつくように、祠のような小さな寺院がふたつある。稲の神スリを祀る寺院と富の神ランブット・スダナを祀る寺院である（図1のK、写真3）。稲の神スリは、バリ独自の女神であるが、稲の豊穣だけではなく、村人の生命線である多産をつかさどっている。富の神は繁栄をつかさどるとされるが、お金の神様でもある。稲が豊穣となれば、換金できて富を得ることができる。つまり、ふたつの寺院は、明らかに農耕原理を意味している。

このように、ここには、共同体と農耕にかかわる二種類の寺院が見られる。

その位置関係であるが、後者のふたつの寺院は、村を守護するバレ・アグン寺院の空地から隠れるような場所にある。空地の正面に構える前者とあまりにも対照的である。村の守護寺院にはいまは一般に三大神の創造神ブラフマーを祀るが、稲の神も富の神も維持神ヴィシュヌの妃あるいは化身といわれる女神で、異なる神を同一の寺院に祀ることを避けたがためにに、このような場所に置かれているのだろう。ただ、ブラフマーを祀るバレ・アグン寺院が、スリ寺院とランプット・スダナ寺院を隅に追いやっているようにも感じる。なぜなのだろうか。

写真2　バレ・アグン寺院の山側正面に建つパトカン寺院。村の集住規則を納め祀る。右の建物が集会施設バレ・アグン、左の建物が調理や供物などのためのバレ・プジュネンガン

写真3　スリ寺院とランプット・スダナ寺院

集住規則は、農地の管理は父系親族集団がおこない、村という集団は宅地を管理する、と定めている。村という空間領域は一般に、ひとかたまりの宅地群とその周囲に広がる農地からなるが、農地の中に正規の宅地がもうけられることはないから、村が直接に管理するのは集住地の宅地群のみで、農地は別の集団つまり父系親族集団が管理する。そのことを村の集住規則は明記している。

村の領域に農地と宅地の両方が含まれているから、村が農地も宅地も管理すれば事足りると思われるのだが、そうなっていない。おそらく村が管理しないのではなく、できないのだ。

このことは、農地の管理と宅地の管理で、その出発が異なることを意味していよう。想像をたくましくすれば、農耕をもとにした集団がまずあり、それがひとつであれば集住することに何ら問題を生じないのだが、何らかの要因で複数の異なる農耕集団が同一場所に居住するようになったものだから、新たな集住原理が必要になった。そのとき、農耕という原理はすでに用いられているから、使うわけにはいかない。そこで、集住するということからのみもたらされる共同体原理が生み出されたのではないか。それが村という集団であった、

そしてそのほうが重要であった、と考えたいのである。

その要因とは、重要な換金農業である水田稲作それ自体が始められたことではないかと考えられる。水田耕作地には水系によるまとまりが生まれるが、それはスバックという別の集団になっており、村というまとまりをもたらしてはいない。かれらはトゥンガナンが所有する水田の小作をやっている。水系が開かれたことによって、異なる農業集団が集まり、稲作をおこなう村という集団をつくり出したのではないか。集住規則には、この地域で水田稲作に従事するにあたり、別々に畑作などをおこなっていた父系親族集団が四つ集まってひとつの村をつくり、村はその共同管理のもとにつくられたことが隠されていることを読みとることができる。伝承にいう、四つのバンジャールに分けたというのは、この父系親族集団のことではないだろうか。じっさい、ここには四つの父系親族集団がある。とすれば、水田稲作の導入は集住のあり方を変えてしまうほどのものであったことになる。

儀礼空間としてのひろば

こうして形成されたであろう村では、頻繁に儀礼がおこなわれている。その場がひろばである。儀礼を「草分けのひろば」でおこなうのである。

いつ行っても儀礼に出合えるというわけではないが、内容を把握できたものだけでも、単純に計算して、月に一回は村の責任のもとに儀礼がおこなわれていることになる。それも一日だけではないことが多いから、たえず儀礼をおこなっているようにすら見えても、不思議ではない。

これらの儀礼の行為と場所をひろばにプロットしてみると、帯状のひろばは各種多様に用いられていることがわかる（図2）。

このような儀礼のなかで、ウサバ・スンブーは、サカ暦（一年三四八日）の第一月の新月に五日間おこなわれる米の収穫祭で、水田稲作をおこなうことから始まった村にふさわしい最大の儀礼である。

三日前、三か所の母系信仰集団の寺院（図1のD、Eなど、以下同）で稲束を積み上げた形を模した御輿《ジュンパナ》が組まれる。夜には未婚男子の儀礼集団が神聖な鉄琴《スロンディン》を、未婚女子が御輿のご神体《アルチャ》を清める儀式をおこなう。ご神体はふだんはプラ・ワヤ（長老の意）とよばれる僧侶《マンクー》が保管している。一日前、御輿を清めるため人びとは近くのプラシィの海岸に向かい、そこで清め《ムラスティ》の儀式がおこなう。スンブー（竹竿に円錐形の飾りをつ

①祈り・お供えによる静的な利用がされる空間
②祈り・お供えに加えて芸能による動的な利用がされる空間
③共食に利用される空間

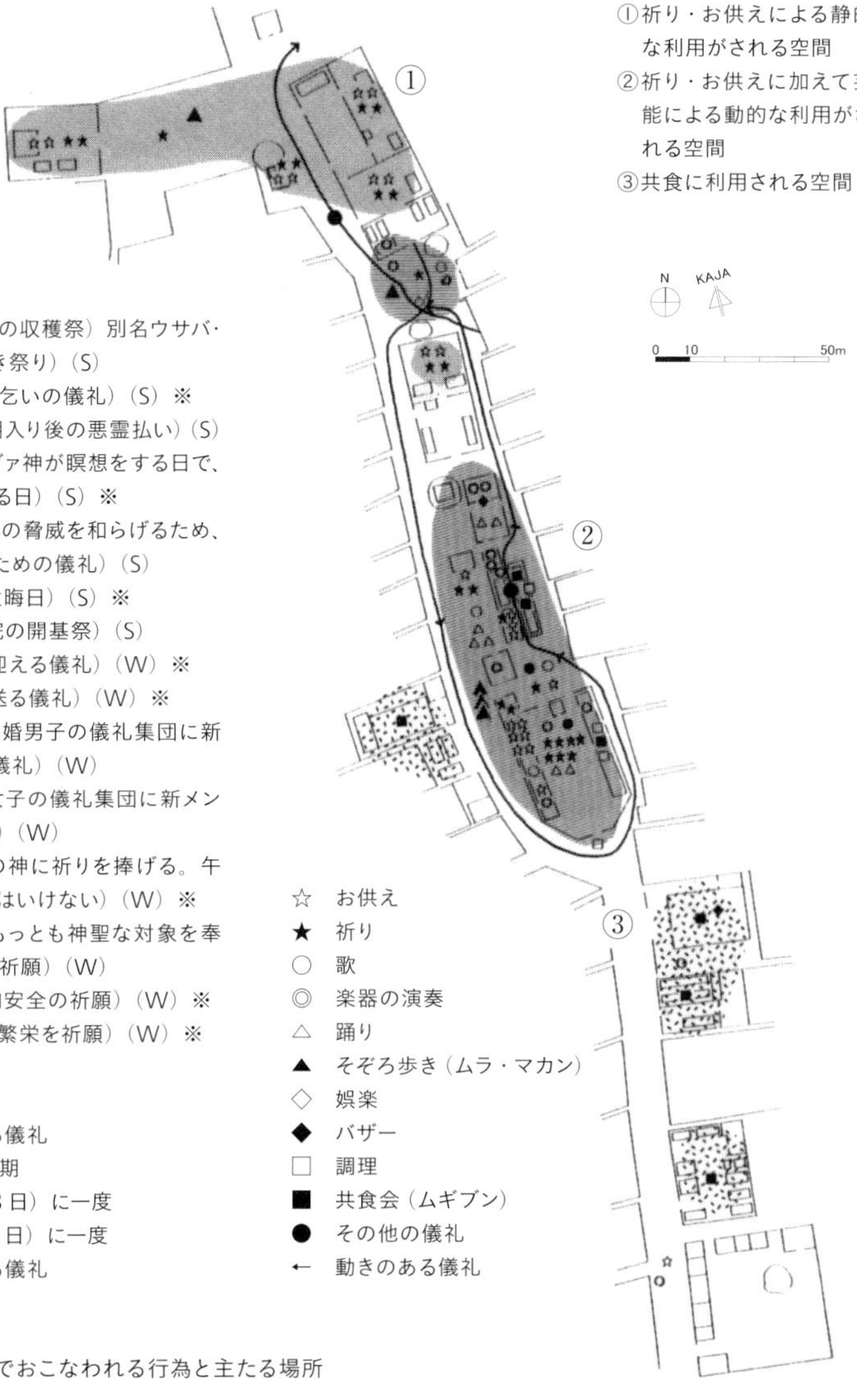

- ウサブ・スンブー（米の収穫祭）別名ウサバ・グリン（豚の丸焼き祭り）（S）
- ウサブ・カパット（雨乞いの儀礼）（S）※
- ウサブ･ムフムフ（雨期入り後の悪霊払い）（S）
- シヴァ･ラトリィ（シヴァ神が瞑想をする日で、罪について懺悔する日）（S）※
- ウサブ・ダラム（自然の脅威を和らげるため、シヴァ神を鎮めるための儀礼）（S）

タウル・クサンガ（大晦日）（S）※
ウサブ・クダサ（寺院の開基祭）（S）

- ガルンガン（祖先を迎える儀礼）（W）※
- クニンガン（祖先を送る儀礼）（W）※
- ピカン・トゥルナ（未婚男子の儀礼集団に新メンバーを迎える儀礼）（W）
- ピカン・ダハ（未婚女子の儀礼集団に新メンバーを迎える儀礼）（W）
- サラスワティ（教育の神に祈りを捧げる。午前中は本を読んではいけない）（W）※
- アンガラ・カシー（もっとも神聖な対象を奉る神聖な寺院での祈願）（W）
- パゲル・ウェシ（家内安全の祈願）（W）※
- ブダ・ワゲ・クラウ（繁栄を祈願）（W）※

● ひろばが用いられる儀礼
（　）内は儀礼の周期
S　サカ暦の一年（348日）に一度
W　ウク暦の一年（210日）に一度
※　全土でおこなわれる儀礼

☆　お供え
★　祈り
○　歌
◎　楽器の演奏
△　踊り
▲　そぞろ歩き（ムラ・マカン）
◇　娯楽
◆　バザー
□　調理
■　共食会（ムギブン）
●　その他の儀礼
←　動きのある儀礼

図2　儀礼時にひろばでおこなわれる行為と主たる場所

けた供え物）の担当となった六人の未婚女子の家族は、祭りの前日までに自宅でそれを準備する。

初日の朝、四基のスンブーが母系信仰集団の寺院に立てられる。その前に未婚女子が立ち、未婚男子がそれを回す儀式をおこなう。未婚女子が神聖ではない場合、スンブーが折れると信じられている。スンブーの準備がととのえば、各家庭は豚の丸焼きを一匹準備し、母系信仰集団の寺院に供える。

夕方になると、僧侶を先頭に御輿を担いだ一団がひろばを回る。人びとは行列の邪魔にならぬようまわりで見守る。女性と男性で担ぐ御輿の形式が異なる。御輿の周回は、一、二、四、五日目の夕方にそれぞれ三周ずつおこなわれる。行列の間、バレ・アグン寺院（L）では竹琴グループが鉄琴を演奏する。ご神体を乗せた御輿は、二棟からなる集会所（I）の間を抜ける。そのさい、西側の棟には未婚男子が、東側の棟には大人の男性が陣取り、御輿の引っ張り合い《アンブアンブアン》をする。祭りのクライマックスである。

四日目にはスンブーがバレ・アグン寺院にも二基立てられる。この日の最後の周回は、未婚男子が御輿を担いで回る。パントカン（6）に仮設された供物台《パングンガン》に御輿とともに稲穂も祀られる。豊かな家庭は豚の丸焼きをもう一匹準備し、バレ・アグン寺院に供える。夕方、正装した人びとでひろばがにぎわう。出店《ワルン》も出る。夜、供物台に祀られた御輿と稲穂に人びとが祈りを捧げる。

深夜、僧侶、未婚女子、未婚男子が楽器集団の伴奏で集住地を練り歩く。未婚女子は、寺院や祠の前でヤシ酒をまき、歌《キドウン》を奉納する。最後にパントカンで東向きに整列して歌を奉じる。彼女たちが向く方向に陣取った未婚男子からひやかしの声が上がる。未婚女子はさらに供物台を囲むようにして歌を奉じる。それにあわせて僧侶が供物台を前にして祈りを捧げる。このあと、未婚女子はバレ・アグン寺院で楽器集団の伴奏にあわせて未明までルジャン舞踊を奉納する。

最終日、御輿は練り歩く前に西の沐浴場に運ばれ聖水で清められる。御輿の練り歩きと引っ張り合いののち、未婚男子はバレ・アグン寺院の空地で、僧侶は建物内で共食《ムギブン》をする。御輿は、僧侶が歌を奉じるなか、バレ・アグン寺院を抜けて各母系信仰集団の寺院に運び戻される。御輿が寺院に戻されるのを未婚男子は集会所で見送る。各寺院に戻された御輿は、祈りを捧げられたのちに僧侶によってご神体が降ろされる。人びとは集会所やバレ・アグン寺院にもお供えと祈りを捧げる。

各家庭が豚の丸焼きを豪華に出すので、ウサバ・グリン、つまり豚の丸焼き祭りともいわれている。そのための豚を皆、屋敷地内で飼っている。

義務的交際

人びとは、口では準備がたいへんだとこぼしつつも、顔はじつに生き生きしているし、当日は、皆それぞれに楽しんでいるようにみえる。州都デンパサールや島の観光地に勤めに出ている者も、儀礼には何とか工面して帰ってきて参加する。結婚するのだろう、「もう今回で青年として参加することはないから、この（青年特有の）正装姿を写真に撮ってくれ」と、せがまれたりもする。

バレ・アグン寺院の空地でルジャンを舞う未婚女子は、入念に化粧をし、華やかな正装をまとい、頭には金細工の飾りをつける。その準備たるや、母親が必死になって手伝ってもたいへんである。一列縦隊に並んでゆったりした踊りが始まると、母親たちはわが娘の晴れ姿が気になってしようがない。遠巻きにしてずっと見つめている。その足元では、小さな妹たちが、私たちも大きくなるとああするんだといわんばかりに、食い入るように見ている。こんな様子を見ていると、こ

写真4　バレ・アグン寺院などに豚の丸焼きバビ・グリンを供える（ウサバ・スンブー）

写真5　竹琴グループが聖なる鉄琴スロンディンを奏ずる（ウサバ・スンブー）

写真6　未婚女子の儀礼集団ダハ・アダットがルジャン舞踊を奉納する（ウサバ・スンブー）

の儀礼は、特に教えなくても、つぎつぎに伝えられていくのだなと、確信できる。ひと通り踊って集会所で休憩する彼女たちの顔は、ホッとするとともにじつに晴れやかな顔をしている。

ふたたびルジャンが始まる。今度は彼女たちが踊っている間を聖なる短剣クリスを背に差して正装した未婚男子たちが歩いて回る。集団見合いなのかと思ったりもする。

儀礼を通じて、人びとはいろいろなものを学ぶ。それは、伝統技能とか伝統儀礼の手順、伝統社会や日常社会のルール、信仰心など、さまざまなものの学習の役割を果たしているようである。いわば学校である。見えざる学校である。それを人びとはこぞって維持し、かつみずからそれを享受しているようにもみえる。

儀礼といっても、堅苦しく、型にはまったものではない。もちろんまったく型がないのではないが、そのときの状況に応じて自在に変化する。そんな儀礼である。これが儀礼を楽しいものにする。そのためのひろばは、これもまた型があってないような、自在な形をとっている。ふくらんだり小さくなったりするひろばである。

それにしても、村という集団がこのように儀礼に大きな関心を払うのは、なぜだろうか。それは宗教心や信仰心、世界観のあらわれであることにまちがいないのだが、それだけと考えてよいのだろうか。

集住規則には、住民の義務として、村の儀礼の準備当番と儀礼への参加が明記され、罰則も細かく記されている。農地の没収という厳罰も記されている（図3）。このことから、儀礼が人びとの暮らしのなかでいかに重視されておこなわれるかがわかるのだが、そこには、ともに義務的に儀礼をおこなうことで村をまとめようとする意図があることをうかがい知ることができる。儀礼もまた、村の人びとをひとつにまとめるための手法であるということである。人びとは、みずからすすんで参加するのではなく、決められた慣習にしたがって義務的に参加する。そうした義務による儀礼への参加を通して——それは義理といってもよいかもしれないが——村の人びとは交際をおこない、村は管理・運営されている。そうした人びとを関係づけるための空間が、ひろばであるといえよう。

見えない住まい

ひろばから住居を見ることはできない。見えるのは、常設

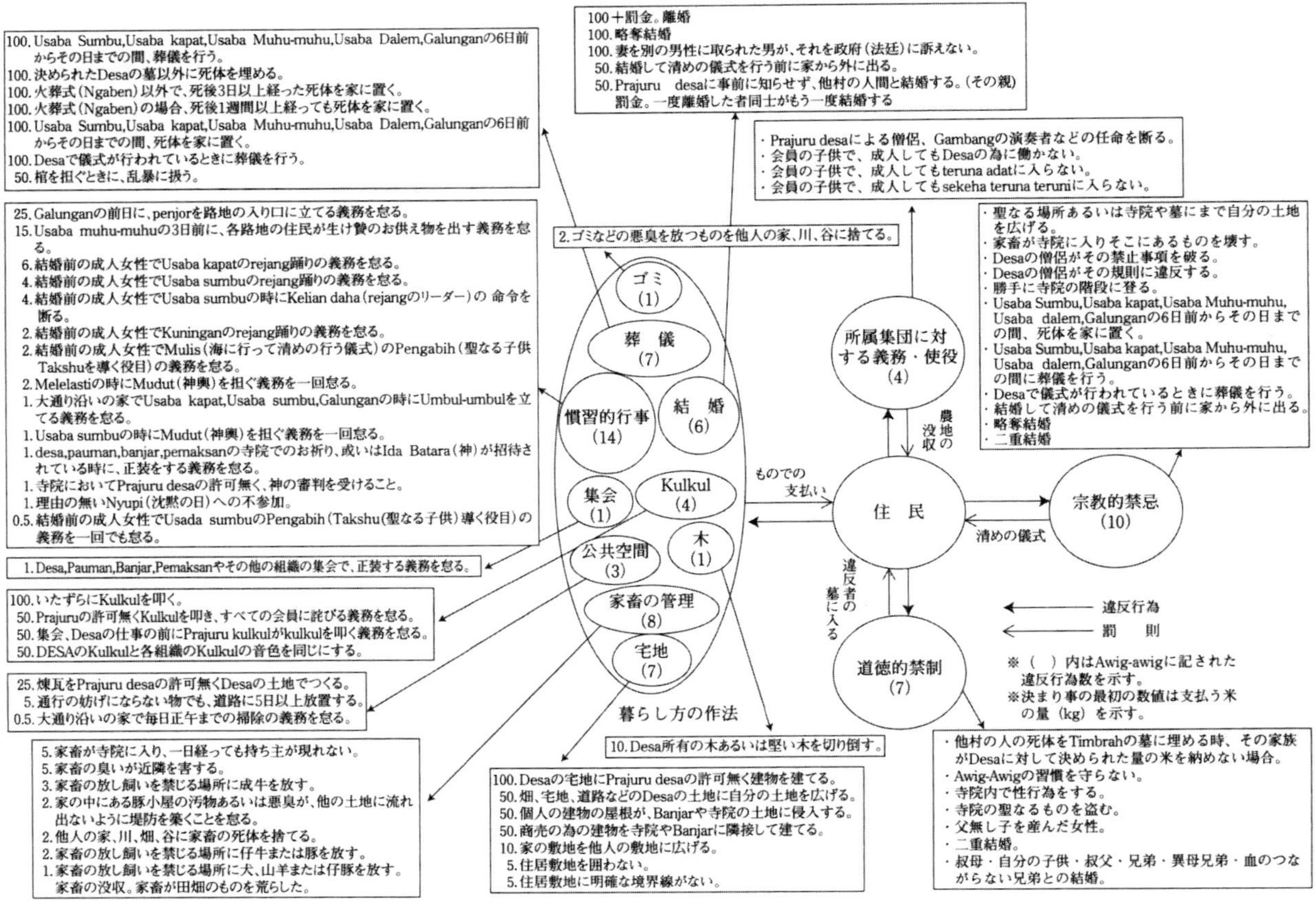

図3　集住規則アヴィッグ・アヴィッグにみる規則違反と罰則

の出店と住居建物の高い白壁、そしてその間に一メートルに満たないほどの幅で奥のほうに続く路地のみである。路地はやや曲がりくねりながら続いているので、奥はどことなく暗くなっている。よそ者が気軽に入り込めるような雰囲気はまったくない（写真7）。その路地から、ポリバケツをかかえた女の人が出てきては、また路地に消えていく。子どもたちの出入りもけっこうある（写真8）。

路地は、ほぼ一〇メートル間隔でひろばに直交するようにして走っている。その奥は、どうなっているのだろうか。そのひとつ（図5のA部）に入ってみる（図4）。

路地の幅は、測ってみると、七〇－一二〇センチほど。人がひとり通るのが精いっぱいである。すれ違うときは、各住居の門のところが少しくぼんでいて、そこに身を寄せて通り過ぎるのを待つ。人が頻繁に行き来するわけでもないし、門が適度の距離にあるから、身を寄せることはそれほど面倒ではない。路地は、ところどころ噛みタバコが吐き出されて赤くなってはいるが、いつ歩いてみても、ほうき《サプリジー》できれいに掃除されている。

路地の両側は白い壁である。二、三メートルの高さがある。それに、建物の草葺き屋根が路地にはみ出していることも多いから、上からおおいかぶさるような感じにもなる。幅の小ささと相まって、路地はほんとうに狭い。

壁はけっこう出たり入ったりしているし、高さもまちまちである。よく見ると、路地の壁に二種類のものがある。ひとつは建物の壁で、もうひとつは塀である。建物の壁のほうが塀よりも高い。住居は、中庭を取り囲むようにしていくつかの棟が配置される中庭分棟型住居である。一三メートル×一三メートルほどがひとつの住居敷地である。門は一般にこの敷地の南西にもうけられる。その対角線上、つまり北東に家族の祠《サンガ》が置かれる。北側にバレ・ダジャ、東側にバレ・ダンギン、南側にバレ・ドロッドとよばれる棟を配置する。バレ・ダジャとは、棟を意味するバレという言葉がつくことによって、北を意味するカジャがなまってバレ・ダジャとなったのであろう。北棟という意味である。バレ・ダンギンは東棟、バレ・ドロッドは南棟ということである。北棟を居間兼寝室、東棟を寝室、南棟を台所として使っている。南西にはトイレ・浴室が置かれる。西側には豚小屋を置く。そして、真ん中の中庭にトゥンバルとよばれる土地の神様を祀る祠が置かれる。平地でよく見るタイプに似ている。ただし米倉はない。このような住居が、路地の山側に一列に並ぶ。

写真７　入り込めそうにない路地の入り口とそこに店を構える常設の出店ワルン

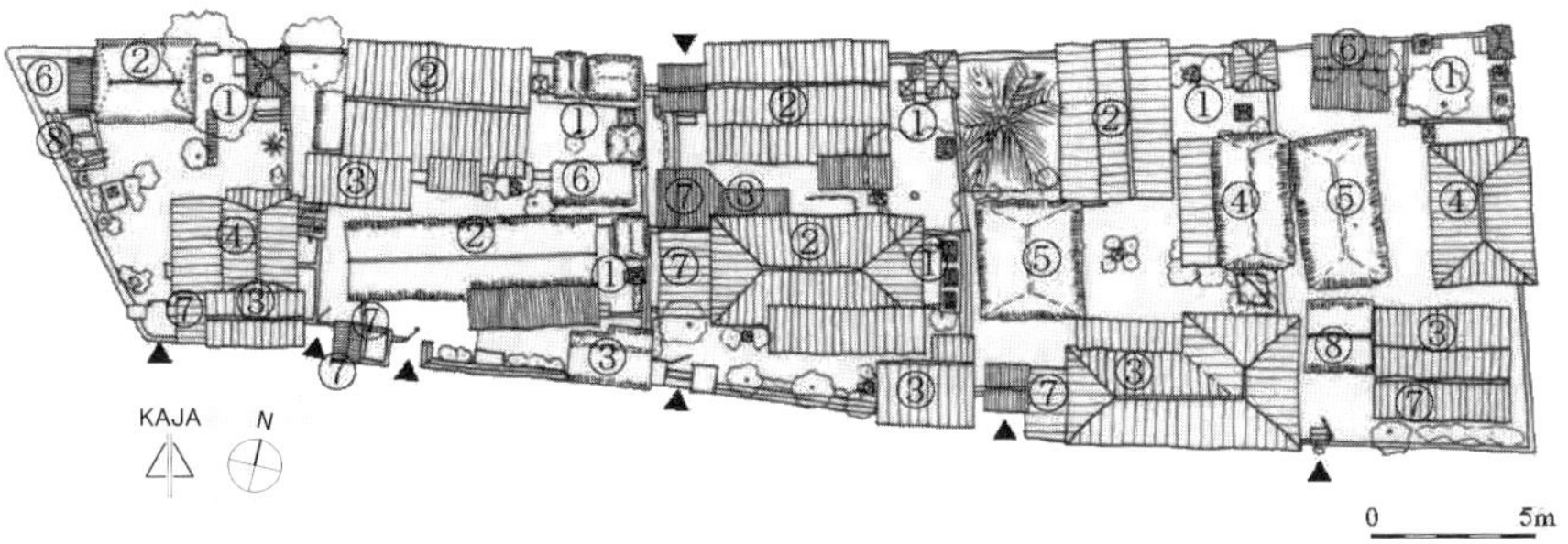

図４　ティンブラーの路地から入った住居列
（図５のＡ部、右側がひろば）

①家族の祠 サンガ
②北棟 バレ・ダジャ
③南棟 バレ・ドロッド
④東棟 バレ・ダンギン
⑤西棟 バレ・ダウ
⑥物置
⑦浴室 カマール・マンディ
⑧豚小屋 カンダング

写真８　にぎやかな南の公衆沐浴場。水汲み場を兼ねている

これらの諸棟のうち家族の祠と豚小屋、トイレ・浴室は塀で囲われることが多い。それにたいし、独立した棟としてつくられる北棟、東棟、南棟そして台所は、その壁をそのまま路地との境界にしているケースが多い。これが路地のでこぼこをもたらしているのだが、こうした住居が路地に沿って一列に並ぶ住居列は、たしかに一軒一軒がそれぞれ独立してはいるのだが、かなりの部分を共有してできあがっているということになる。極論すれば、住居列とは棟の集合、ということができよう。

つまり、住居列は、いまのように住居敷地が個別化しているのではなく、中庭などがつながったひとつながりの住居群ではなかったかということである。そして路地は必要なかったのではないか。このひとつながりの住居群がもともとは親族集団だったのかもしれないとも思うが、いまはもうこれ以上のことはわからない。そうした住居列が路地とともにひろばの両側にずらりと並んで、集住地の全体がつくられている（図5）。

この路地の両端をふさげば、まるで城塞のように、安全な居住区となる。このような居住エリアだから、住居は直接にひろばに開いていない。それがために、住居が直接にひろばに関わることは少なく、ひろばがひろばとして存立することを可能にする。

内部で複雑化する

だが、住居がひろばに開いていないからといって、このひろばを使わずに生活をすることはできない。路地はすべてひろばに開いているから、何事につけ、ひろばを通ることになる。

ある金曜から日曜にかけて三日間、朝六時から夜九時まで、一時間おきにひろばの利用を記録した。人びとがひろばのどこで何をしているかをひろばマップに落としてみると、ひろばがひとときも休むことなく利用されていくさまが、時間が経つにしたがって変わっていく人びとの動きをともなって、手に取るようにわかる。見た目以上に、人びとがひろばに出ている。どの時間もそうである。

ひろばでの活動は、通過行為はいうまでもなく、集会や休憩、楽器の練習やテレビ鑑賞、スポーツや娯楽、闘鶏用のニワトリの世話や諸作業、そして売買行為と、多彩である。これらの活動は、まったく自発的なものである。何かを求めてひろばに集まったりする行為ではないし、何か決められたこ

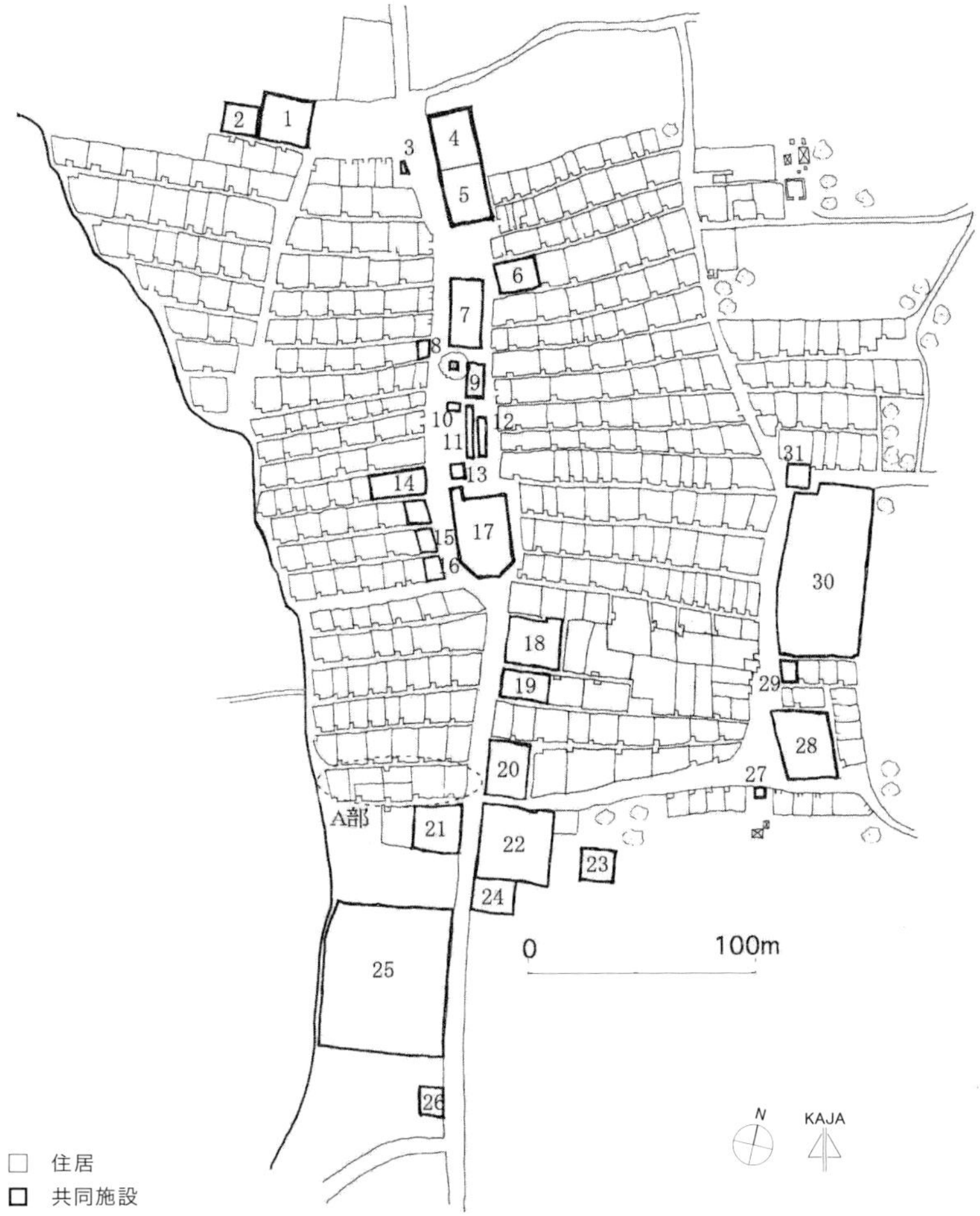

1 プラ・プセ／サケナン寺院
2 北の公衆沐浴場
3 トゥングー・ジャラン寺院
4 ワヤ寺院
5 パンティ・カレル寺院
6 ピイッ寺院
7 パンティ・トゥンガー寺院
8 LPD（村落銀行）
9 サンガール（多目的ホール）
10 バグース・パンジー寺院
11 バレ・トゥルナ
12 バレ・バンジャール
13 バレ・ゴン
14 パウマン・ベジ
15 ダプール・デサ
16 南の公衆沐浴場
17 バレ・アグン寺院
18 パウマン・デサ
19 パウマン・マナイエ
20 パウマン・ランプアン
21 ブボト寺院
22 パサール（市場）
23 ムランティン寺院
24 村役場
25 小学校
26 プラ・ダレム
27 スガラ寺院
28 パンティ・クロッド・カンギン寺院
29 プリ
30 小学校
31 東の公衆沐浴場

図5 ティンブラーの集住地全体図

とをするためにひろばにやってきた行為でもない。日常のひろばの利用は、寺院の中にかってに入り込んだり、空地にモノを持ち込んで占拠したりしないかぎり、自由である。

ひろばは、一方で居住エリアにたいして固く閉ざし、他方で生活のすべてにかかわる。ひろばではさきにみた儀礼だけでなく冠婚葬祭のほとんどがおこなわれるから、始祖から現在までのすべてに、あるいは将来のことにもかかわる。それが、ティンブラーのひろばである。

そんなひろばを縁取るように建つかなりの建物がひろばを向いていることに気づかされる。調べてみると、そのほとんどが間口を全面開放して店にした常設の出店である（写真7参照）。三三軒ある。ほぼ一〇メートルおきにひろばに直交するように走っている路地と路地の間に二、三軒出店が開かれており、それがいくつかの路地間でみられる（図1参照）。

出店でもうひとつ気づいたことがある。店の奥がかなり浅いのだ。それに、奥に出入り口がない出店も多い。もともと壁であった住居建物のひろばに面した部分を改造して、出店に変えている。それを二室か三室に区画しているので、路地間に出店が二、三並ぶことになる。改造した住居の持ち主がそのうちの一、二軒を使い、あとは貸し出している。ひろばの変容のひとつである。ひろばへの商業機能の付加である。こうした共同的なことがらに関する変容を、ひろばが一手に引き受けているようである。

その場合、集住地はひろばを内にいだいているから、そのひろばが変わっていくことは、集住地に生じる変化をその内部へと取り込んでいき、かといってこれまでのものが消え去ったりするわけではなく、したがって、ひろばはより複雑になっていくことになる。集住地の全体は変わらないが、その内部はどんどん変わっていくのだ。

（川西尋子・大谷聡）

第4章 水田開発などのためにつくられたタロ——山地と平地の間

水と石にかかわる

バリ島南部で、風景が平地から山地に変わるところ、標高でいえば六〇〇メートルほどのところに、タロはある。このあたり一帯は、水と石にかかわるものに満ち満ちている。

芸術村として知られたウブドゥを東に出て、景勝地として知られるバトゥール山に向かう道に入る。やがて、渓谷に開かれた見事な棚田が見えてくる。島の一大観光スポット、テガランだ。その少し上流にスバトゥの村がある。

スバトゥの村はずれにグヌン・カウィ・スバトゥ寺院がある（写真1）。聖水の寺院である。地元の人たちが沐浴に使っている。そこから東に谷を渡ったところには、水の宮殿としてひろく知られるティルタ・エンプルがある。風は山上のように涼しいが、山上の近傍と違い植物が繁茂している。水が豊富にあるからだろう。このあたりは、山頂のバトゥール湖の水が地下に浸透し、伏流水となって、地表に泉として湧き出てくるところである。そこが石組みの沐浴場となっている。ずいぶんとふるくからその存在が知られている。

ティルタ・エンプルの少し南には、王家の墓グヌン・カウィが川の断崖を洞窟状にくりぬいて掘り出されている（写真2）。その絶壁に至る傾斜地は一面、棚田風の水田になっている。石積みの用水路がめぐらされ、水田に水を送り届けている（写真3）。

これらの石の構築物は、ワルマデワ王朝（一〇-一四世紀）がつくったものだ。ジャワ・ヒンドゥーのマジャパヒト王国が攻めてくるまでバリ島を治めていた王朝である。かれらは丘陵地で水田開発を積極的に推し進めていた。石や岩を扱う技術を使って用水路を整備し、湧水や川の水を水田に導いて稲作をおこなった。米は当時もいまも変わらぬ重要な交易品である。

グヌン・カウィの用水路を見ていると、砂鉄を採集する鉄穴流《かんな》しの光景がほうふつとしてくる。ひょっとすると、この水田は、全部ではないが、鉄穴流しで生み出されたものではないか。とすると、テガラランの棚田もおなじ手法でつくられたのではないかと思ったりする。そういえば、さきほどのグヌン・カウィの墓にも、ちょっと不可思議な洞穴がある。これは採掘跡ではないか。じっさい、このあたりには銅にかかわる跡が発見されているし、銅の鉱害を暗示するものも散見される。採掘しつくしたのちに、石や岩を扱う技術が湧水利用に用いられたのではないか、と想像がふくらむ。

このあたりから山側には、水田はほとんど見当たらない。水田地帯の上限である。そんなギリギリのところに、タロは、水田開発などのためにつくられた。そう考えられる村である。

といっても、村の創設にかんするたしかな記録はない。ふたつの伝承があるにすぎない。

ひとつは、ヒンドゥーの聖仙マルカンディアが弟子とともに中部ジャワの山麓から東ジャワのラウン山を経てバリ島にやってきたという、バリ島最初の住人バリ・アガの伝承である。八世紀、ジャワのアガ村から来た人たちによってバリ島の居住が始まったというのであるが、そこが現在のタロであるという。察するに、バリ島最初の住人というのではなく、マルカンディアの一団が、それまでのバリ島にはなかった何かをもって、バリ島にやってきたということであろう。すべてのものがよく育つという意味のサルワダと名づけたこのあたりに、かれらの共同寄宿舎《アスラマ》をつくったのではないかとする考察もある。もってきた何かによってよく育つ地になったということであろう。ただ、かれらが行き着いたのは、もう少し上流のようである。

いまひとつは、ジャワ・ヒンドゥーがバリ島にもたらされる以前、人食い巨人クボ・イワがかれの寝所をここにつくらせたという伝承である。クボ・イワは、さきにみた石の構築物をつくったワルマデワ王朝の建築土木指導者とされる。これは、何を伝えようとしているのだろうか。

どこにでもありそうな集住地

どのような村なのか。地図上にみると、斜面に深い渓谷を刻む川は集住地より少し上流に行ったところから流れを始めている。マルカンディアたちが来たとすれば、そのあたりにたどり着いたのかもしれない。流れ出した川と川の間には、台地状の斜面がひらけている。二本の川にはさまれた台地は東西二キロほどある。集住地はその台地上にカトゥン川に接するように立地する。標高は六〇〇メートルを少し越える。興味深いことに、集住地の東側一帯はすべて畑作地になっており、水田は集住地が南に切れるあたりになって　はじめて見られる。ひとつの村の中で畑と水田の区切りが認められるのだが、それがあまりにもはっきりしているものだから、驚いてしまう。それも整然と区割りされた方形の水田である。

集住地の南にしか水が引かれていないということだが、この深い谷からどうやって水を引いているのだろうか。

集住地には山側の割れ門から入る（写真４）。そこを抜け、集住地内の通りを海側に下っていく。集住地は、山側から下る通りを軸道として、各宅地が東西に長い短冊型に連なる形で形成されている。お世辞にもきれいな軸道とはいえない。宅地の連なりを抜けると、十字路があり、山側から下りてきてふたつ目の割れ門がある。割れ門の先は大きな段差になっていて、その坂を下ると、東にオープンスペース、西に市場があり、その先に寺院などの共同施設がみえる。

写真１　聖水で知られるグヌン・カウィ・スバトゥ寺院

写真２　ワルマデワ王家の墓グヌン・カウィ

写真３　グヌン・カウィの用水路

写真４　集住地の山側の割れ門

ふたつ目の割れ門からさらに通りをすすむ。オープンスペースの前の市場では、通りに面した二軒の常設の出店《ワルン》だけが店を開いていて、その奥の広いスペースは、がらんとしている。朝市が開かれるためだ。道端に公共の水道口がある。オープンスペースの南には、死者の寺院《プラ・ダレム》と村の多目的ホール《バレ・デサ》が並んでいる。立派な建物で、いかにも新しい。この区画には、これらの伝統的な施設だけでなく、村役場、村落銀行（LPD）、中学校、診療所、そしてオープンスペースの東と市場の西には小学校がひとつずつと、近代的な施設も集中している。

通りを下りきった突き当たりに、グヌン・ラウン寺院の門がみえる。ひときわ目立つ。通りはここで折れ、寺院の敷地を迂回して、東に抜けていく。

このように、集住地の空間構成は、いたってシンプルだ。上流から下流に向かうまっすぐな通りを軸にして集住地が形成され、軸の下流部に共同施設群、その最下流部にグヌン・ラウン寺院がある、というものである（図1）。

村の名前は、正確にはタロ・カジャだ。山側のタロということだ。面積は約二六五・五ヘクタールで、土地利用は、畑・果樹林五一％、水田二七％、宅地八％、国有林八％、ラバ・プラ（寺院を維持するための農地）五％、墓地一％である。畑・果樹林では、コーヒー、ヤシ、マンゴー、ドリアン、オレンジなどが栽培されている。土地所有は、宅地は慣習村《デサ・アダット》、農地は個人である。居住者は、四三〇家族一九八六人である。居住者にカーストの違いはなく一様に平民《スードラ》で、ほとんどが農業を生業としている。集住地までの道のりや軸に沿って、石工の工房がちらほらと見られるが、バトゥール山でとれた火山岩を砕いてセメントで固めたものに装飾を施した建材や置物を生産販売している。ここに石工の伝統があったのでもなければ、観光化あるいは近代化の影響ということになろうか。そのかぎりでは、タロは、農業、なかでも畑作をおもな生業とする、島のどこにでもありそうな集住地である。ただ、石工の工房の数が多いのがちょっと気になる。

どこの宅地も、裏手は林になっている。宅地境界には塀があるが、林につながる裏手には塀はない。集住地の軸と東側に並行する通りにはさまれた宅地では、背割りに林が連なるので、南北に通り抜けが可能である。西の宅地列では、宅地裏手の林がそのまま崖に落ち込んでいる。宅地の背割りに連なる林は、不思議な存在だ。明らかに、意図的につくり出したものだ。村名はサンスクリット語の樹木を意味するタル

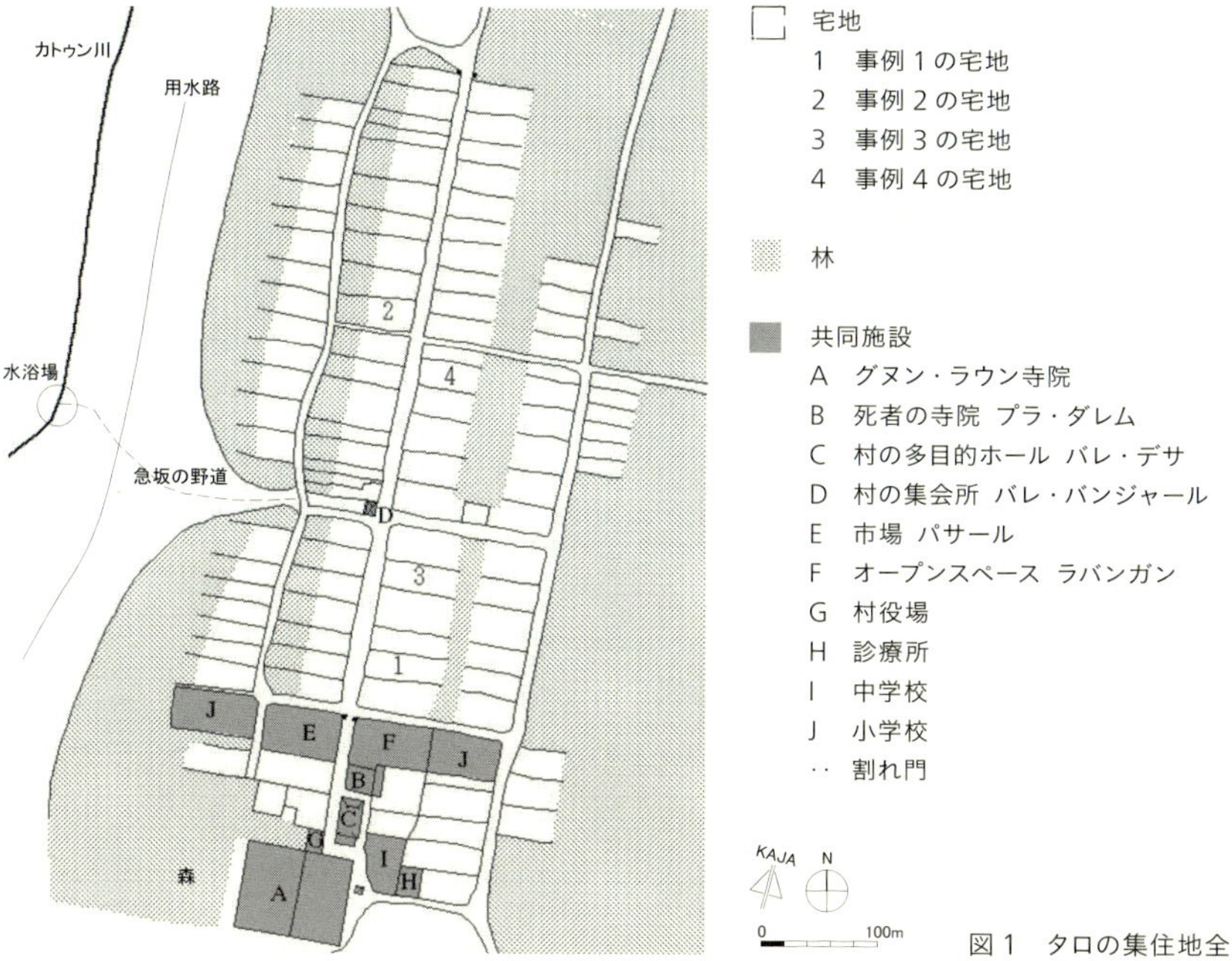

図１　タロの集住地全体図

からきているという。ここは神聖な白い牛で知られているが、この林で飼われていたということであろうか。いまは少し南のほうに飼育場をつくっている。この牛を供犠に供することはない。

集住地の輪郭がわかったところで、その西を流れるカトゥン川に下りてみる。途中、小川が流れており、農夫が農耕用の牛を洗っている。水量はけっこうあるが、水はちょっと濁っている。あとでわかったことだが、小川とみえたものはじつは素掘りのトンネルも掘られた人工の水路だった。こんなところに水路が敷かれているのだ。すごい水路工事をやったものだ。

細く急な坂をさらに下っていくと、谷底のほうから川のせせらぎと水浴びをする子どもの声が聞こえてくる。雑草が茂る小道を下った先に、それほど水量が豊富でないカトゥン川がみえた。さきほどの声の主が喜々として水遊びをしている。天然の公衆浴場だ。子どもたちは、めざとく私たちを見つけると、ポーズをつけ、写真を撮るようにせがんでくる。素っ裸だ。集住地からここまでは、けっこうな道のりである。水浴びでせっかく汗を流しても、坂を上って集住地まで帰れば、また汗でびっしょりになるのでは、と思う。ましてや、水を運ぼうと思えば、たいへんな労力を要する。宅地は崖の手前までつくられているから、台地上でカトゥン川に一番近いところに集住地をつくったにはちがいないのだが。

畜耕水田がもたらされた

グヌン・ラウン寺院とは、バリ島ではまず聞かない名前だ。ということは、このグヌン・ラウン寺院がバリ島の村のなかでタロを特異な存在にしているということだ。

村長さんに頼んで、寺院の中を案内してもらうことになった。寺院の敷地に入る前に、用意してきたカイン（腰布）とサプッ（カインの上から巻く布）をズボンの上から巻く。バリ島の寺院の中に入るには、最低でも、この二点のアイテムが必要だ。

寺院の上流と下流、さらには東西にも入り口の門がある。上流側と下流側の門の手前に、ティティゴンガンという小さな竹の橋がある。不浄な人が渡ろうとすると、落ちて死んでしまうという（写真5）。何かを、確かめようとしているようである。これを渡って寺院に入るのだが、長い間ほったらかしなのだろうか、触れるだけで壊れそうだ。もし落ちたらと思うと、ちょっと勇気がいる。迂回させてもらう。

下流側の門から入ると、寺院の中は、大きく東西ふたつの区画に分かれている。東側がプラ・アグン、西側がプラ・デサである。島の平地の集住地には、村の起源の寺院《プラ・プセ》、村の守護寺院《プラ・デサ》（プラ・バレ・アグンともいう）、死者の寺院《プラ・ダレム》の三つの寺院がある。タロでは、このグヌン・ラウン寺院が村の起源の寺院と守護寺院に相当するようである。このふたつの寺院の敷地が隣り合っている村も多いから、寺院の構成を見るかぎり、それと違わないようにみえる。

タロ慣習村を構成するのは二二六人の家長で、すべて農地を所有している。かれらによって寺院は維持管理されているから、他の村で慣習村から土地を与えられた村の正会員《クラマ・デサ》が三つの寺院を維持管理するのと似ている。

異なっているのは、入り口が四方向にあるだけでなく、上流、下流、東、西と四方向を拝むということである。それに、西側の区画プラ・デサには、三層屋根の塔《メル》が建てられている。その西にはちょっとした森がある。東側の区画プラ・アグンにある大きな吹き放ちの建物は、島で最大規模といわれる集会所《バレ・アグン》である。長さは四〇メートルを超える。集会所は上流−下流の方向に細長く、上流を拝する構成である（写真6）。かつてはこのまわりに石像が置かれていた。

これらは、何をあらわしているのだろうか。

グヌン・ラウンという寺院の名前は、マルカンディアが中部ジャワの山麓から東ジャワのラウン山に行き、そこからここにやってきたという伝承からつけられたものである。西の区画プラ・デサに置かれた西を拝する三層屋根の塔は、ラウン山が村の発祥の地であることを示そうとするもののようだ。しかし、そんな単純なことだけではあるまい。なぜ、中部ジャワと東ジャワが語られなければならないのか。ジャワから来た、ということだけではいけないのか。

中部ジャワの高原には、八世紀にサンジャヤ王朝がヒンドゥーの石造遺跡群を残しているが、シャイレンドラ、古マタラムと続くこの勢力が東ジャワに影響をおよぼすのは、少し時代が下った一〇世紀になってからである。すると、中部ジャワと東ジャワが一緒に語られることには、サンジャヤ、シャイレンドラから古マタラム、クディリ、シンガサリ、そしてマジャパヒトへと続く、ジャワのヒンドゥー王朝の文化をバリ島が継承しているということを暗示する意図がみえる。そうだとすると、東ジャワのラウン山の方角を祀る寺院は、ワルマデワ王朝が東ジャワとの関係を深めてから、あるいはそののち、ジャワのマジャパヒト王国の文化がバリ島の正当な文化であるとされたあとにつくられたものではないだろうか。どうやら、寺院の名前はたしかな村の起源を示して

写真５　小さな竹の橋ティティゴンガン。不浄な人が渡ると落ちて死んでしまうという

写真６　グヌン・ラウン寺院のバリ島最大規模の集会所バレ・アグン

くれるものではなさそうだ。

この伝承には、もうひとつ、一緒に連れてきたという神聖な白い牛のことが語られている。牛を連れてきたのは、畜力犂耕《りこう》のためであることを強調しようとしているのではないか。それによって大規模な水田開墾をはじめて実現したということではないかと考えられる。つまり、マルカンディアたちがジャワからもたらしたのは、さきにみた水路や水田のつくり方ではなかったかということである。そうであれば、かれらが最上流に入ったことが理解できる。そこから水を引くことをもたらしたのである。現在のところ、バリ島で稲作がおこなわれていたことを示す証拠は、九世紀の碑文が最古である。ただ、紀元前四世紀から紀元一世紀ころにかけてヴェトナム北部の紅河流域を中心に栄えたドンソン文化の銅鼓とおなじ型のものがバリ島でみつかっている以上、稲作が一緒に伝わらなかったとは考えにくい。とすると、これはその後の耕作技術の改良を示すものであろう。ジャワ島では、九世紀後半に水田が爆発的にふえたとみられ、八七九年のンガベアン碑文に、畑地の水田転換の記録がある。一一世紀以降ジャワ島の王朝とのつながりを強めたワルマデワ王朝が、こうした水田開拓を取り入れたことは想像にかたくない。

呪力の場としての巨大な集会所

もうひとつの伝承によれば、巨大な集会所は、クボ・イワの寝所であるから、かれの文化のものである。巨人クボ・イワは、ワルマデワ王家の墓グヌン・カウィやゴア・ガジャの石窟を爪でひっかいてつくった建築土木指導者で、前の王国シンガマンダワの要人の流れをくむ人物であったようである。つまり、ワルマデワ王朝はすでにあった技術を使ったのである。ワルマデワ王朝は交易品の米を得るために水田開発を積極的に推し進め、その用水の確保のためにトンネルを含む水路開削工事をおこなったのだが、タロに工事の指導者クボ・イワを派遣した。そのクボ・イワが「人食い」巨人だというのは、人びとを動員して働かせたことを示している。とすれば、タロは、建設工事に従事する人びとを集めて住まわせた村ということになる。

ワルマデワ王朝は銅板などに刻まれたインドのサカ暦の年代を記した碑文を多数残している。碑文には、石工や大工、船大工、トンネルを掘る石工といった建設専門職に近い職業集団ウンダギや、カスカワンとよばれる灌漑システム、水田稲作の手順などが記されており、水田開発のための土木技術と稲作技術があったことがわかる。そう考えれば、タロにクボ・イワの伝承が残されていることに納得がいく。ここに住まわせた人びとに冒頭でみた湧水地や用水路、水田の整備、また石窟の開削などにあたらせたのではないか。

そして、そこにつくったクボ・イワの寝所、つまり巨大な集会所は、動員した人びとを集めて服従の確認をおこなったところではないだろうか。そのとき、ヒンドゥーを導入した。この王朝が流れをくむシュリビジャヤの碑文には、臣下に忠誠の誓いとして水を飲ませ、もし裏切った場合にはその水が毒に変じるとあり、ヒンドゥーは王権思想の受容というよりも、強力な呪力として導入されたという。いまでも、山地の村の集会では、水あるいは軽い酒を回し飲みする。これも、誓いの水を飲むという呪力を用いたことの名残かもしれない。この寺院の入り口にある小さな竹の橋ティティゴンガンも、おなじようにしてもうけられたのではないか。

この巨大な集会所がタロに伝えられているのは、ここから上に水田が見られないので、ここがワルマデワ王朝の山地統治の拠点であったからではないだろうか。牛による畜力犂耕がタロにもたらされたというのも、新しい稲作技術を誇示して支配を強めようとしたものではないだろうか。水田耕作がみられない山地などでこのような集会所がみられるのは、山地支配がすすむにつれて、水田開発とは無関係に、支配の象徴としての集会所だけが山地などに広がったと考えられる。

こうした重要な地点であったためか、この村はながらくシンガマンダワ王国の子孫と思われる人物が治めていた。支配下の村々に布告などを記した碑文は、今のところここではみつかっていない。ということは、タロはワルマデワ王朝を構成する拠点のひとつであったということではなかろうか。そうであれば、碑文を出すことはないからである。

男の家族ばかりの屋敷地

すると、タロの人びとはどこからやってきたのだろうか。かれらの住居がどのようなものか、みていこう。住居には住み手の文化が残り続けることが多いから、かれらが統治された山地などから動員されたのであれば、いまのタロの人びとの住居にもそれが認められるかもしれない。

集住地の軸となる通りを歩きながら、宅地の中の様子をうかがう。入り口で声をかけ、応じてくれたところで、宅地の中を見せてもらう。

宅地内の建物配置はどこもおなじようである。宅地の北東に家族の祠《サンガ》が祀ってあり、その西隣りにある建物がおもな居住棟である。宅地の裏手には豚小屋や作業所が置かれ、その奥に屋敷林がある。回った宅地のなかでふるい建物が残っているものを選び、四事例について宅地構成（図2）と建物の平面と立面（図3）を採らせてもらった。

　宅地構成をみてみよう。各宅地の建物配置は、宅地の北側に寝室棟《ムテン》、その南に東棟《バレ・ダンギン》、東棟と空地をはさんで西に西棟《バレ・ダウ》、それら三つの建物からみて北東に家族の祠《サンガ》が配される構成が共通している。それぞれの建物のおもな用途は、寝室棟が主寝室、東棟が儀礼のためのスペース、西棟が作業および接客のためのスペースである。また、三事例に、家族の祠の南にクルンプッとよばれる米倉が共通してみられ、残り一事例も、家族の祠の南に米倉の基礎が残っているから、これも各宅地に共通している。そして、宅地の南側には、台所棟かカントールとよばれる近代的建物が配されている。

　東棟には、柱の本数が九本のものと六本のものがあり、建物の規模に違いがあるものの、いずれも東面と南面のみに壁があって、北面と西面を開放する構成である。そして、いずれも東西方向を長辺とする長方形の寝台を備えている。西棟もまた、柱の本数に一三本、一一本、九本の違いがあるが、いずれも南面と東面を開放したバルコニーを備えている。北面と西面を開放する東棟と南面と東面を開放する西棟は、ちょうど中庭を介して向かい合うようになっている。宅地内で儀礼をおこなうとき、東棟は家族の祠に向かい儀礼をおこなう場となり、西棟は儀礼の準備をしたり、人が休んだりするための空間となる。両者は、普段は他の用途に使われることはあっても、儀礼のときのために空けておくべき空間なのである。このような用途だから、東棟と西棟のバルコニー部分は、セットで宅地内の儀礼空間として使われるのである。

　では、どのような人びとがひとつの宅地に住んでいるのだろうか。家人に尋ねたところ、兄弟を中心とした家族ばかりで、二家族から五家族で構成されている。これらの家族がひとつの宅地の中に列をなして住んでいる（図2参照）。ちょっと変わった宅地利用だ。男の家族ばかりであることには、理由があるはずだ。それは、専門的な職業ではないか。それを、このようにして住むことによって、親から子へと引き継いでいくのである。そして、それは、さきの動員された理由が正しいとすれば、石などにかかわる職業ではないか。

　そうした複数の家族がひとつの宅地に住むから、建物の数は多い。それぞれの建物は複数の家族によってどう使われ

事例 1

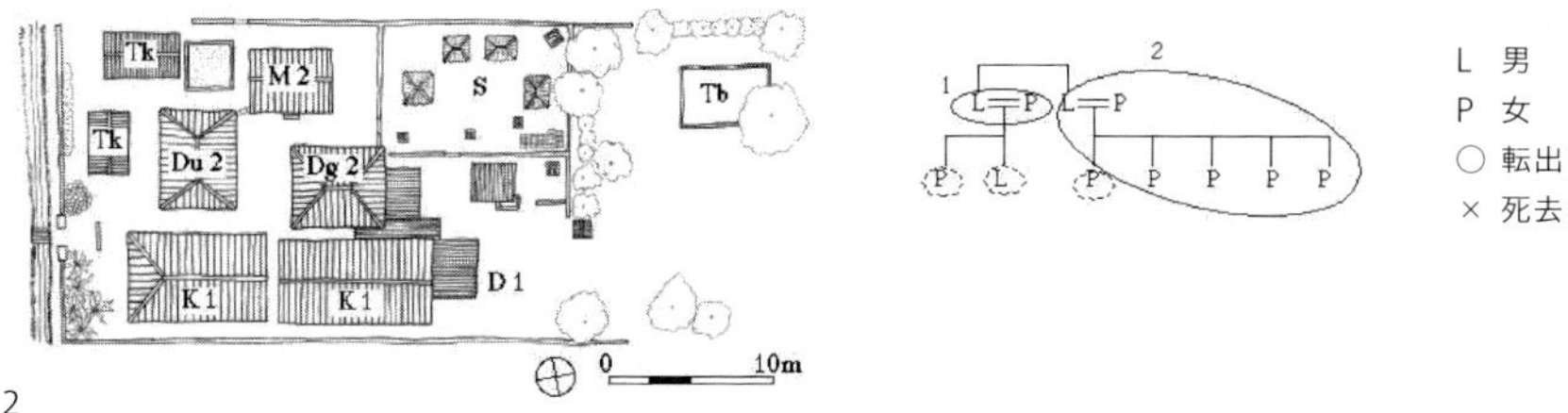

事例 2

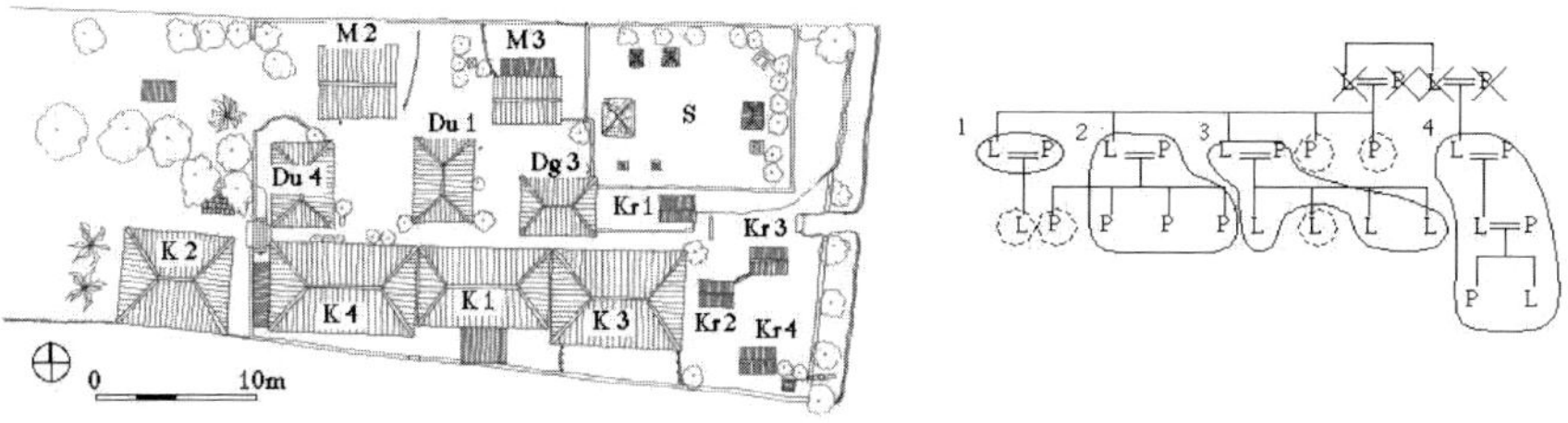

事例 3

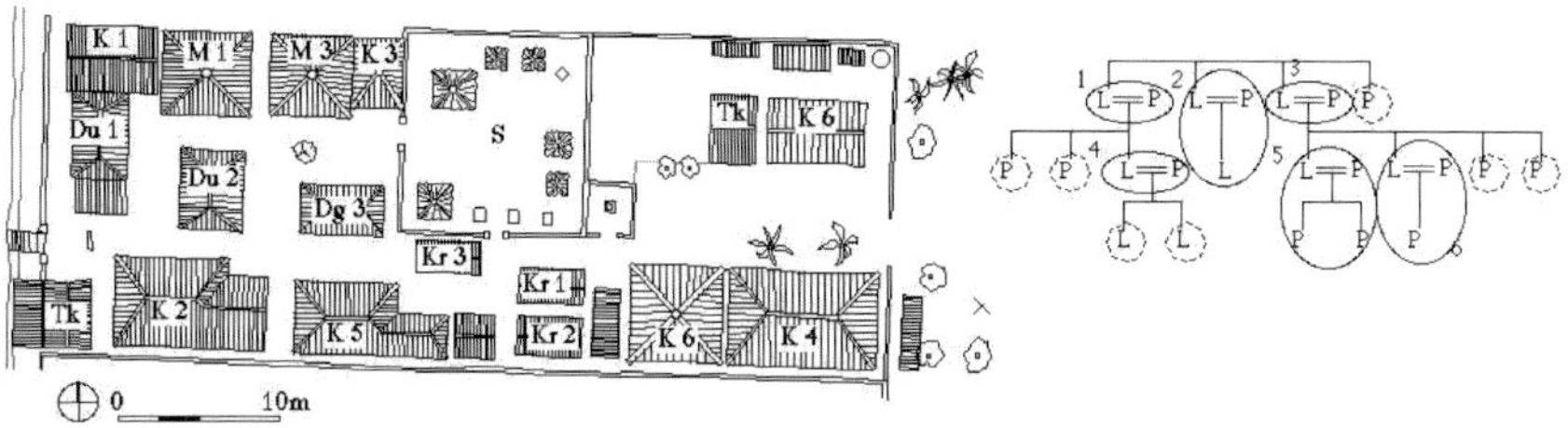

事例 4

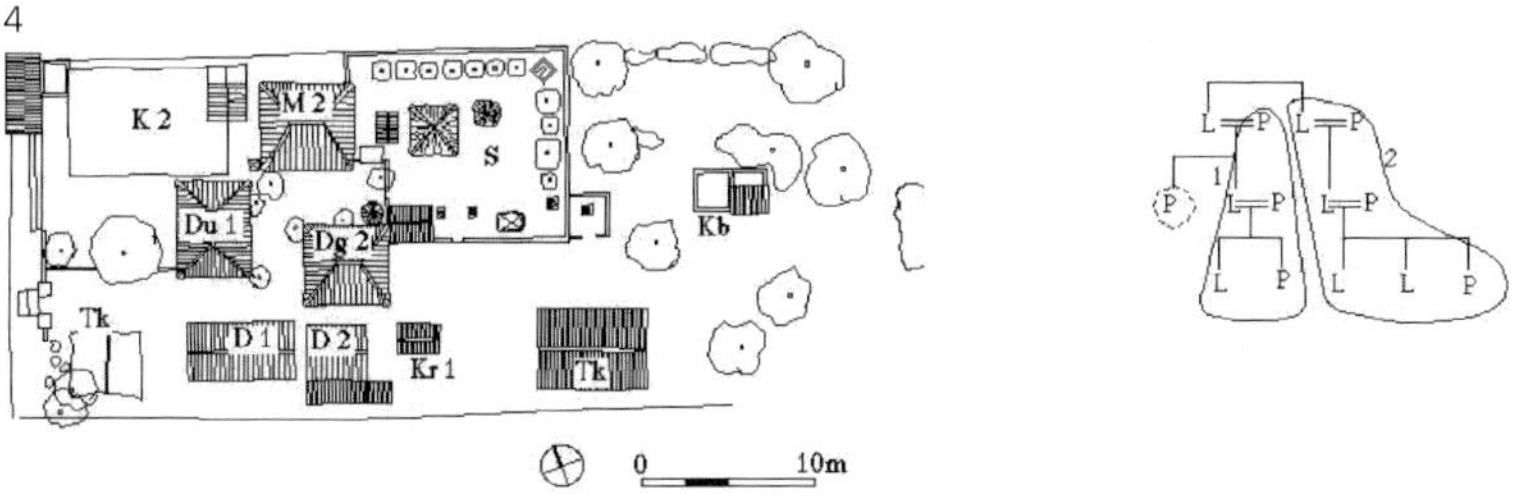

M	寝室棟 ムテン	Kr	米倉 クルンプッ
Du	西棟 バレ・ダウ	S	家族の祠 サンガ
Dg	東棟 バレ・ダンギン	Tk	作業所
K	近代的建物 カントール	Kb	豚小屋
D	台所棟 ダプール	※アルファベットの後の数字は、建物所有を示す	

図 2　タロの宅地構成と家族構成、建物所有の関係

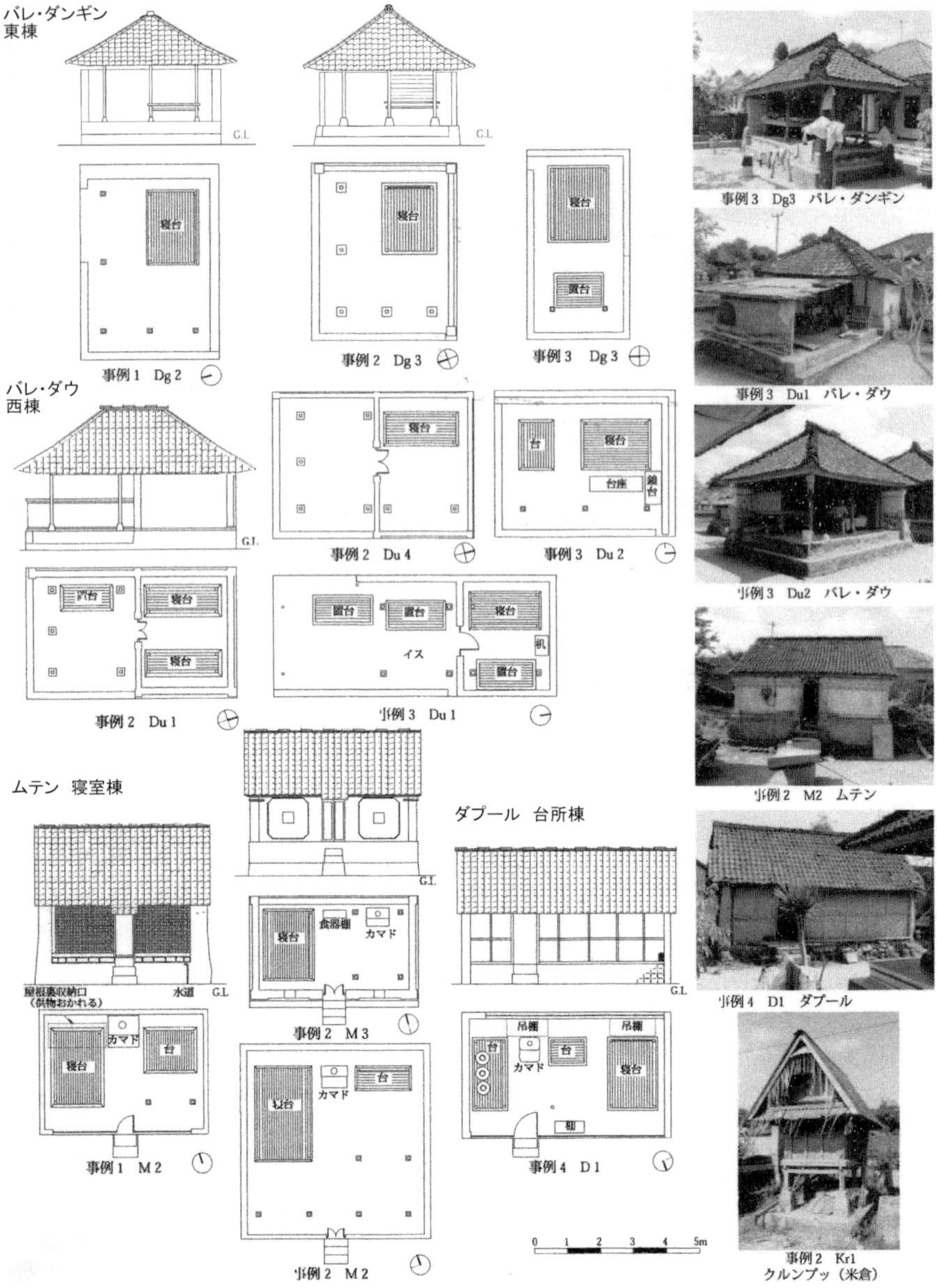

図3 タロの伝統的住居の平面・立面

ているのだろうか。宅地を上流、中、下流の三列の建物の並びとみると、上流と下流にある建物は、造りの差異はあるが、寝室棟にしろ台所棟にしろ各棟が主寝室とかまどを備えており、いずれもそれ一棟で生活ができる居住棟だ。それにたいし、その間の中の列にある建物は、所有家族は異なるが、かれらの共同の儀礼スペースになっている。

この東棟と西棟の建物の造りと用途は、平地もおなじである。しかし、このふたつの建物のセットを複数の家族が分割所有し、そのうえで共用するところに、タロの特徴がある。また、それぞれ所有が違う複数の西棟がある事例は興味深い。それは、山地スカワナの拡大家族居住の宅地（6章参照）を連想させる。スカワナのように中の列の建物を宅地全体で共有することはないが、中の列は儀礼のための共用の空間となっている。

職業が居住スタイルを変えた

このような特徴をもつ住まいは、近隣の村に一般的にみられるのだろうか。そう思い立って、車でタロを出た。このあたりは、南北には深い谷筋がとおっているので、東西方向に車道はほとんど通っていない。移動は、まず上下流にすすみ、谷筋の浅いところで東西に、ということになる。

調べたかぎりでは、北東角に家族の祠があるという構成は変わらないようだ。建物の配置をみると、もっとも上流側にはかまどと寝台を備えた棟があり、もともとこれをおもな居住棟としていたこと、空地を介して対面する下流側に付属屋をもつという組み合わせもおなじだ。しかし、タロのように、居住棟と付属屋の組み合わせが上流と下流の双方にある例は見当たらない。

とすると、この近辺では、タロのケースはきわめて稀であるようだ。家族の祠のある東を神聖な方向として、そこから東西方向にのびる空地を介して、居住棟が向き合って並び、空地を儀礼のための空間としている。それはプヌリサン山に位置するスカワナにみられる宅地構成（6章参照）に酷似している。そこではいにしえの王国の職能ごとに集まって住む形がいまに伝えられている。このことは、タロが石工などの職業集団の村ではなかったかということを補強してくれそうである。

一方、寝室とかまどを一棟に備える構成の住居は、ひろく山地でみられる。バリ島でも、山地に行くと、日中はともかく夜はかなり冷える。そう考えると、山地の住まいのこの構成は、高地の気候に対応したものである。しかし、北岸のふるく港をかまえたジュラーの住まいもこの形式である。島の北岸は、海岸沿いで標高が低く、しかも南部の平地より赤道に近いから、たいへん暑い。にもかかわらず、かれらの住まいはこの形式をとっている。すると、この寝室とかまどの同居は、気候への対応だけとはいいきれない。それは、かれらの住まいの原型、あるいは住文化といえるように思う。バリ島北部から山地にかけて勢力をもっていた人びとの文化といってよい。

とすると、タロの人びとは、古王国（6章参照）によって森が大切にされていた山地あたりからやってきて、ここで職業集団化した、ということになる。さきに見た宅地裏手の林やグヌン・ラウン寺院の西側の森も、このことと関係あるのかもしれない。そして、もしかれらが石や岩などを扱う技術をここで習得したのではなく、来る前からすでにもっていたとしたら、バリ島ではかなり早くからそれを使った生活、たとえば小規模ながら鉱山の採掘がおこなわれていたと考えることもけっして荒唐無稽ではあるまい。

（大谷聡）

第5章 祖先の屋敷を受け継ぐ プンゴタン——山地の村の形

誰かが設計したか

山地と平地の転換点ともいえる内陸に位置する元王宮都市バンリをさらに北上すると、水田はいつの間にかなくなり、コーヒーや果実、たばこなど、高地の畑の続くなかに、プンゴタンがあらわれる。標高は一〇〇〇メートルほど。その先はもうバトゥール山である。山から下りてきたほうが早い。バンリから山地に再移住した、もと山地の民の村である。

　プンゴタンの集住地の中央には、海側から山側にゆるやかに上る、幅五メートル、長さおよそ三五〇メートルの軸道がある（写真1）。途中七か所に段差がついたその軸道の両側に、低い塀に囲まれた東西に細長い街区が一二列、並行にもうけられている。ガンとよばれる路地がほとんどの街区の海側にもうけられていて、それと軸道とが結ばれている（図1）。東部丘陵のティンブラーなども路地を通って帯状ひろばに出る方式（3章参照）であり、その点では、軸道とひろばという違いをのぞけば、両者は似ている。また、北部丘陵のチュンパガやプデワも路地を通って出る集住地であるが、その先はひろばや軸道ではなく、たんなる道である（8章参照）。そうすると、この集住地の特徴は、路地を出た先が軸道になっているということである。

　軸道のもっとも山側は突き当たりになっていて、そこには三大寺院方式の村の起源の寺院《プラ・プセ》（図1の1、以下同）、村を守護するプナタラン・アグン寺院（2）、死者の寺院《プラ・ダレム》（3）が集められている。プナタラン・アグン寺院は、アグン山の中腹にあるバリ・ヒンドゥーの総本山ブサキ寺院の中核をなすシヴァ神を祀る寺院と同名であるが、それよりふるく、一一世

写真 1a　軸道から見る山側と東側の街区

写真 1b　軸道を海側に見る

- 寺院
- 公共施設
- 東屋 バレ・プバット
- ● 木の太鼓 クルクル
- 住居系建物
- ▲ 水汲み場
- 水タンク
- 市場 パサール
- 出店 ワルン・店トコ
- 卍 家族の祠 サンガ
- — 塀、柵

1 村の起源の寺院 プラ・プセ
2 村を守護するプナタラン・アグン寺院
3 死者の寺院 プラ・ダレム
4 ダレム・グラガー寺院
5 聖獣バロンを祀るカンギン寺院
6 剣を祀るジェロ・カワン寺院
7 信徒集団のプマクサン寺院
8 祭司の住む街区の グナー・ジェロドゥヌンガン
9 役場 カントール
10 第5小学校
11 第1小学校・中学校
12 プンガランガン寺院
13 集会場 バレ・バンジャール

A 15年ほど前まではグナー・ジェロドゥヌンガンがあった

B 40年ほど前まではバレ・バンジャールがあった

C 建物を建ててはいけないクラランガン

図1　プンゴタンの集住地全体図

紀に創建された東部のスラヤ山にあるルンプヤン寺院の中核寺院とも同名である。プナタランは王族の私的寺院に使われる。どこで使ってもよいというわけではあるまい。プンゴタンも王族との関わりがあるということなのだろうか。

　このような、誰かが設計したと考えたくなるような規則正しい集住地が、バリ島の南部とバトゥール山とを結ぶ幹線道路になっている尾根道の西側に広がるスペースにつくられている。ちょっといびつだが、フィッシュボーン型といおうか、左右一二対のろっ骨型といおうか。村の人びとは、「ジャジャル・ワヤン」とよんでいる。「ワヤンの列」という意味である。

列状の慣習的屋敷

　街区は低い塀をめぐらしただけだから、軸道から街区の中をのぞきこむことができる。と、どこからか犬が出てきて、はげしく吠える。

　中庭《ナター》が長くのび、それをはさんで、互いに向き合う建物が二列にびっしり並んでいる。どの街区もそうである。これは見事だ。どこでも見られる光景ではない。プンゴタン特有のものだ。ただ、建物の扉が閉じられているところも多く、街区が静まり返っているのが気になる。

　二列の建物は、山側がムテンとよばれる居住棟、海側がバレという儀礼棟である（写真2）。居住棟の裏、つまり山側には小さな祠が点在する家族の祠《サンガ》の区画、儀礼棟の裏、つまり海側には米倉《ジネン》が建つスペースがある。これがひとつの家族が暮らすこの村の伝統的な屋敷の基本構成である（図2）。これをかれらはルマ・アダットとよんでいる。慣習的屋敷という意味だ。中庭や建物の大きさは、足や腕などの身体モジュールを用いて定められているという。中庭は幅二メートル、居住棟は間口六メートル、奥行き四メートル、高さは四メートルほどである。

　居住棟には、差し掛けの下に、竹製あるいはセメントで固めたベランダがある。竹製のほうがふるい形なのだろう。ベランダ中央には通路があり、建物の入り口がかなり高くなっているので、階段にしている。ということは、差し掛けのベランダはあとで取りつけたものだということだ。

　入り口は小さく、すべて壁で囲まれた建物には頭をかがめなければ入れない。内に入ると、外の中庭が明るいせいか、腰をおろす老婦人に気づかないほどに暗い。壁に囲まれているといっても、竹などで編まれた薄く軽いもので、屋根の荷重を支えるものではない。この棟は八本の柱が小屋組を支えているのでサケ・クトゥス（八本柱の意）ともよばれ、内部はこの柱を用いた左右の高床部分とそれ以外の土間からなる。左側の高床は寝台、右側の高床は寝ることなどは許されない神聖な空間で、奥の神だなにはお飾りや供物が捧げられている（写真3）。立派な神だなである。ふたつの高床にはさまれた土間にはかまどがおかれ、その上部の棚ではとうもろこしなどがいぶされている。使い込まれた内部はかまどからの

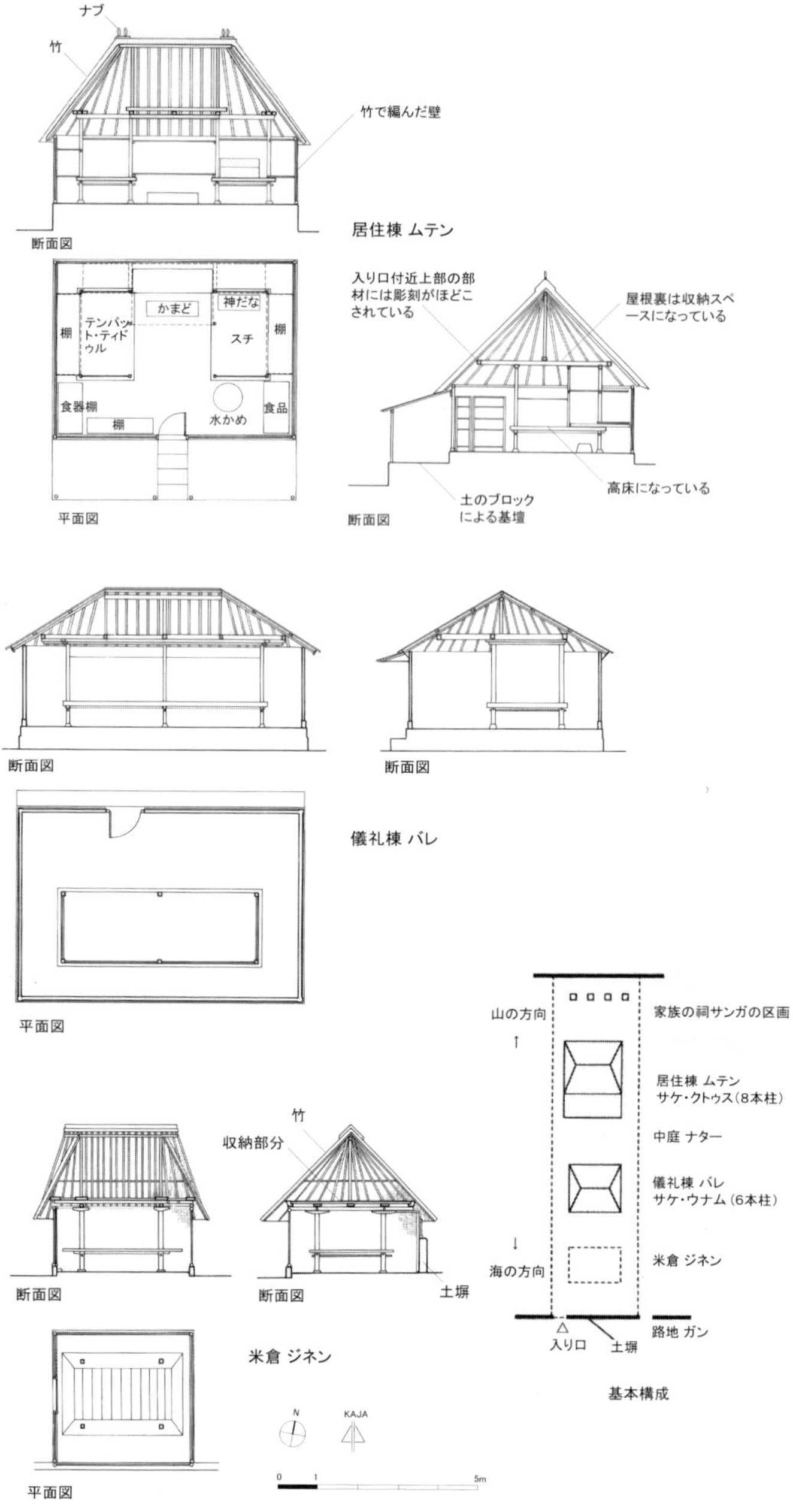

図2　プンゴタンの慣習的屋敷ルマ・アダットの基本構成と平面図・断面図

ススで真っ黒だが、これが竹屋根などの耐久性を高めているようだ。入り口の両側の土間には食器棚や食料品、水かめが置かれ、屋根裏全体にもモノが収納されている。高床の神聖な空間や神だな、そしてかまどがこの空間のほとんどを占めていることを考えると、この居住棟はもともと神まつりの場ではなかったかと思ったりする。興味深いことに、竹で葺かれた屋根には、鹿あるいは牛の角のような棟飾りナブがある（写真4）。祭司の居住棟にもみられる。屋根の雨漏りを防ぐ役目といっているが、何かを象徴しているようにも見える。

じつは、これとおなじような住居が東インドの山中の村にある。日干し煉瓦のベランダがあり、その中央に入り口への通路と階段をもうけているなど、とてもよく似ている。その村の祭りには、弓矢で狙う鹿狩りの様子を再現した鹿踊りがある。何か関係があるかもしれない、と想像をかきたててくれる。

儀礼棟は、六本の柱が小屋組を支えているので、サケ・ウナム（六本柱の意）とよばれることもある。この柱で囲まれた部分がひとつの高床となっている。建物の四方に壁をめぐらせ、中庭に面した小さな開口部から出入りする。日ごろは作業空間や子どもの寝床として使われるが、結婚式や削歯の儀

写真２　慣習的屋敷ルマ・アダット。左が居住棟ムテン、中央が中庭ナター、右が儀礼棟バレ

写真３　居住棟ムテンの神だな

写真４　居住棟の棟飾りナブ。竹葺き屋根の居住棟にみられる

礼、葬式などに際しては、中庭に面した壁一枚を取り外して開け広げる。中庭を使うことを前提にしている造りだ。

米倉は、わずか二棟しか現存していない。一棟は祭司が住む特別な街区にあり、そこでは街区の中にさえ立ち入ることが許されなかった。もうひとつの米倉は一般の街区にある。四本の柱が屋根裏の収納部分を支え、他の二棟のような基壇はないが、下部に高床が取りついている。本来はこの開け放たれた高床部分が儀礼の場として使われるが、現存している貴重なものだから、周囲に壁をめぐらしているということだ。ただ、慣習的屋敷というわりにはあまりにも残っていないので、もともと米倉はなかったとも考えられる。

家族の祠は簡素な竹製のものから、親族関係にある複数の家族が屋敷にまたがってつくる立派な祠もあり、その区画をブロック塀や土塀で区切っている。その祠のひとつに木製の鹿の置物が置かれていることに気づいた。鹿と何か関わりがある祖先なのであろうか。

これが慣習的屋敷なのだが、そのありようは一様ではない。儀礼棟には、ブロック積みの壁やトタン屋根などの新しい材料を使うもの、また柱や高床のない建物も見受けられる。それにたいし、居住棟は、材質の変化は見られるが、建物の空間構成までもが改変されたものはほとんどない。伝統的な形式を維持している居住棟にくらべ、儀礼棟のほうがより改変されやすいようである。

家族の祠が建つ区画についても、その奥行きが一定ではなく、街区によりばらつきがある。また、空地や畑となっている場合もある。ただ、そこに建物が建つことはない。

それ以上に違いが目立つのが、米倉のスペースである。西側の山手から二－四列目と、東側八列目の街区にはそもそもそのスペースがとられていない。また、米倉が建つところは空地や畑としていたり、儀礼にさいしてそこに仮設物を建てたりする。しかし、近年、そこに出店《ワルン》や小屋あるいは住居などが建つケースが出始めている。

しかし、このように屋敷の個々のデザインが多少変わっても、その基本構成はしっかりと継承されている。

街区の暮らし

この屋敷が集住の基礎単位となって短冊状にいくつも並んで、街区ができあがっている。

街区のひとつを訪れた（図3）。商売気があまり感じられない出店を営む家族と、供物用のお菓子づくりにいそしむ家族

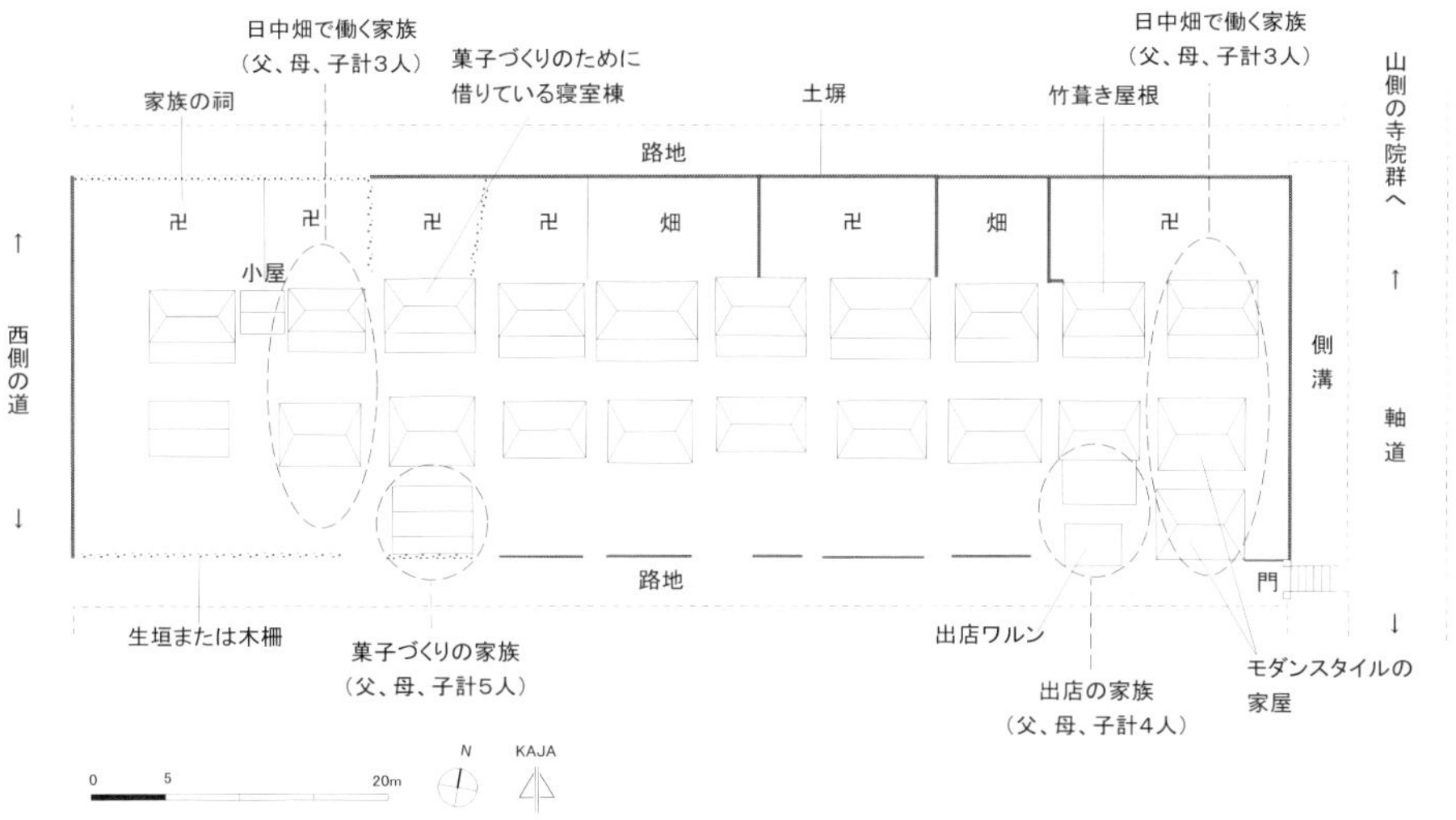

図3　街区の空間構成の詳細

写真5　屋敷を借りて菓子づくりをする

に会うことができた。この二家族とも、米倉のためのスペースにつくった建物に暮らしている。屋敷に住むという正式の住み方ではない。お菓子づくりの家族は居住棟のかまどを作業のために借りていて、その前の中庭も菓子の干し場に使っている（写真5）。

かれら以外に二家族がこの街区の屋敷に住んでいるが、朝早くから畑仕事に出かけて、日中はほとんどここにいない。したがって、この街区にはあわせて四家族が暮らしているのだが、日中の屋敷の多くは鍵がかけられた状態となっている。

その日の晩、あらためてこの街区を訪ねた。月のない夜は、恐ろしく暗い。東端の屋敷では、主人が儀礼棟の基壇に腰をかけ、慣れた手つきで竹かごをつくっている。ここの特産だ。畑から帰宅し、夕食を済ませたあとの日課だという。すでに午後九時になろうとしている。朝は夜明け前には働き始めるから、じつによく働く。三人家族で住んでいる。

西のほうのお菓子づくりをしている屋敷には五人家族が暮らしている。翌朝の市に出すお菓子づくりが続いていた。奥さんのまわりに材料やできあがりのお菓子の入ったタライやボールが並んでいる。その部屋の隅では男性二人が壁に寄りかかり、テレビの音楽番組を眺めている。屋外の差し掛けでは、油が注がれた大きな中華鍋が火にかけられ、揚げ菓子がつくられている。仕事を急ぎながらもくつろいだ雰囲気だ。その西隣りの屋敷には、日中は畑に出ている三人家族が暮らしている。

住み心地はどうなのだろうか。居住棟のひとつに泊めてもらったが、覚悟していた寒さや煙たさは、さほどでもない。寝台は適度な閉鎖感がある。火は消されてもかまどの温もりは残っている。何重にも敷かれたゴザの上で毛布をかけて心地よく寝ることができた。一緒に泊まってくれた二人の友人は、土間にカーペットを敷き一枚の毛布を分けあって眠っていた。このようにして寝れば、多人数の家族でも十分に暮らすことができる。

祖先と感応する

気になるのは人が住んでいない屋敷だ。

屋敷はおよそ一七〇ある。ここにつねに暮らす家族の数はおよそ四〇ということだから、大多数の屋敷は日ごろは使われていないことになる。しかし、枯葉ひとつ落ちていない。整然としているところをみると、誰かが掃除をしているとしか考えられない。

住んでいないからといって、空き家になっているわけではない。それどころか、居住棟のひとつは、一九九七年に訪れたときには、竹葺きの屋根を用いた伝統的様式に建て替えられた直後であった。人がつねに住まないのに、なぜそのような金のかかることをするのかと思う。

その理由をかれらは、この屋敷に帰属しているからだ、しかも、祖先が残してくれた遺産だからだという。遺産は、中庭をはさんだ居住棟と儀礼棟の「屋敷列」だという。

さきほどの街区では、東側のふたつの屋敷にはそれぞれ一家族が住んでいる。しかし、これは一二家族からなる親族が所有するものである。他の一〇家族は、ふだんは集住地の外で暮らしているが、祖先のための供物をつくるときは、かならずここにやって来て、居住棟の台所を使ってつくる。また、「祖先への憧れをなくすために、一晩、屋敷に滞在することもある」という。

かれらが屋敷を本格的に使うのは、結婚式や葬式などの儀礼時である。

結婚式を見てみよう。

結婚式は、暦の良い日に、複数のカップルが合同でおこなう。合同結婚式はバリ島ではめずらしいが、すべてを合同でおこなうわけではない。まず、新郎と新婦それぞれが帰属する屋敷を使って執りおこなわれる。式の当日、最初は新婦側の屋敷が会場となり、新郎は親族や知人とともに行列をなしてそこへ向かう。居住棟に新婦が、儀礼棟には新郎が入ってそこで儀礼をおこない、居住棟の中で指輪の交換をする。そして二人はそろって中庭に出てくる。その後、行列をなして、軸道を通って山側のプナタラン・アグン寺院での合同結婚式へと向かう。寺院から、ふたたび行列を組んで軸道を下り、今度は新郎が帰属する屋敷へと向かい、家族の祠で儀礼をおこなう。二人は新郎が帰属する屋敷で、これから三日間生活し、その間の外出は一切禁じられる。つまり、新婦の屋敷では居住棟のかまどと神だなが中心となり、新郎の屋敷では家族の祠が中心となる。それは、居住棟には女の神が、家族の祠には男の神が祀られていることを示している。

結婚式では、牛が一頭犠牲にされ、参加者全員にふるまわれる。ちなみに、かれらは牛の飼育に適した草を陸稲の畑の畔に植え、育牛をさかんにおこなっている。日ごろ集住地で人気がほとんど感じられないのは、これゆえだろうか。村長の話では、村人は牛を飼育することに精通しているという。育牛はふるくからここでおこなわれてきたことかもしれない。

葬式もまた、死者の代表者が帰属する屋敷が中心となる。死者が出ると、集住地から少し下ったところにある墓地に土葬される。その後、合同の葬式《ンガベン》がおこなわれる。二〇〇二年のときは、およそ百名分、約三年ぶりに開催された。

合同の葬式では、生前、村の役職などについていた者が死者の代表となり、その代表者が帰属していた屋敷が主会場となる。まず、死者のシンボルとして、人形が草でつくられる。もっとも細くて長い人形が代表者、そのほかの死者にはそれより小さい人形が人数分つくられ、主会場の儀礼棟に置かれる。米倉のスペースに仮設の小屋がつくられ、昼夜を通して、死者たちのために歌やバリの伝統的な影絵芝居《ワヤン・クリ》が演じられ、食事がふるまわれる。そして、人形をもって、集住地の海側のはずれにある墓地に向かう。

かれらにとって死とは終わりを意味しない、亡くなった祖先は生きている子孫たちに影響を与えることができる、と考えている。祖先は、すぐ近くの山中の他界にいて、儀礼のときには屋敷に帰ってくる。祖先は一族の繁栄を助ける神として、屋敷とかれらを守護し続けている。それにたいして、子孫は祖先に供物を捧げ、祭祀儀礼を欠かさずおこない、子どもをもうけることによって、それに報いるのである。そうだからこそ、いつもは住んでいない屋敷がしっかりと維持管理され、大切にされているのである。

街区からみえるもの

軸道と路地とが接するところに門がある。街区に入る門である。その位置が路地と少しずれているところもある。どの門も、軸道から四、五段の階段もしくは斜路がもうけられ、その上に立っている。門の両サイドには供物台を掘り込んだ添え柱がついている。また路地には、屋敷に入る門がもうけられている場合もあるが、すべての屋敷にあるわけではない。その位置が屋敷と屋敷の間にあったりするが、そこには階段はもうけられていない(写真6)。

何でもないような門だが、軸道に並ぶ門が、中国の影響があるということなのか、マカオの中国風寺院の門とよく似ていることに気づいた。廟とよばれるその寺院には、亡くなった漁師の娘が女神として祀られている。それにくらべ、ここの門は幅も狭く簡素で、階段の数も少ないが、反りかえった屋根の形、屋根の中央の飾り、そして特に出入り口に施された赤い縁取り、階段の両側に配された動物の石像など、とてもよく似ている。亡くなった人を祀る寺院の入り口を示す門に似ているということは、この集住地にあるたくさんの門は、亡くなった祖先を祀っている、というしるしなのかもしれない。門が人びとの出入り口を示すものでないとしたら、配置の仕方がちょっと中途半端なことも納得できる。

それにもうひとつ、街区の軸道に接する部分を利用して、街区にはめ込むようにして建てられている寺院がいくつもある。聖獣バロンを祀る寺院(図1の5、以下同)、二か所の信徒集団の寺院(7)、剣を祀る寺院(6)である。寺院の建物、といっても屋敷とおなじような竹壁で囲まれた建物だが、それは、連続する中庭が軸道に行き着くところに鎮座していることになる。だから、軸道から直接に入ってもよさそうなものだ。ところが、軸道からこれらの寺院へ直接入ることは原則できない。軸道にもうけられた門から路地に入って、そこから寺院に入るのである。

そのひとつ、カンギン寺院（5）の儀礼の日。バイクやトラックの荷台に乗って、正装した人びとが集まってくる。儀礼は夜中まで続き、最後に寺院に祀られている聖獣バロンが姿をあらわす（写真7）。このバロンは、よく見ると、三つ目だ。シヴァ神の両目の間に第三の目があらわれたことと関係がありそうであるが、獅子や牛、鹿などの魔力をもつ動物が入り交じった森の王者でもある。また、バロンは「偉大な、魔術的な、集団の女王（中国人の王妃のことか）」とよばれ、悪や死に対抗する力をもつと信じられているため、ご神体として扱われ、村の死者の寺院の祠に保管されるが、ここでは街区の一画を占める寺院に保管されている。ということは、村としてのご神体ではなく、この街区に帰属する集団のご神体のようである。

この寺院の儀礼時に使われる水汲み場や東屋《バレ・ブパット》が設置されている空地は、いまでは村の人びとが共同で使う場となっているが、もとは西側の街区の軸道に接する部分である。また、かつては東側の街区の軸道に接する部分にあった、寺院に従事する祭司の街区は山側に移動（8）し、集会所《バレ・バンジャール》も西側の街区の軸道に接する部分（13）に移動している。さらに、海側街区には建物を建ててはいけないと定められているところも

写真6　街区の門。奥に見えるのが屋敷の門

写真7　カンギン寺院の聖獣バロン

ある（図1参照）。とすると、街区の軸道に接する部分は、街区に住む集団が共同で用いる場所だったのではないか。

ちなみに、山側の寺院群には、以前は、村の起源の寺院（1）と死者の寺院（3）はなかった。寺院群は後日につくられたものである。この場所は、集住地の中でもっとも高い位置にある土地である。以前から重要な位置づけがあったのであろう。それらが建つ前は広がりをもったおおらかなひろば的な空間であったのではないかと思われる。

山地の記憶——ここに村の起源が

プンゴタンの人びとが「ジャジャル・ワヤン」とよぶ集住地。ジャジャルとは「列」を、ワヤンは「人形」を意味するが、バリ島の伝統的な影絵芝居「ワヤン・クリ」を略してワヤンということもある。影絵芝居では、水牛の皮を透かし彫りにした人形が使用され、その演目は、インドの二大叙事詩にもとづき、ジャワやバリの伝承が組み込まれている。

しかし、「ワヤンの列」ということはどういうことなのだろうか。

古老が、村の起源伝承を語ってくれた。

プンゴタンの人びとの祖先は、アバン山の近く、プムトランという村に住んでいた。

ある勢力が村に侵攻したことにより、人びとはバンリに難民として逃れ移住した。

しかし、人びとは都市での生活に適応できず、バンリの王により森に送られた。

そして、プンゴタンと、谷を介して東隣りのランディが、つくられた。

ある勢力とは、北部のブレレンのパンジー・サクティーの軍隊だという。一六世紀にかれらは山地の村々を侵略しているから、プムトランもそのひとつだったのだろう。あるいは、もっとふるい時代のことかもしれない。これは史実というよりも、人びとによって受け継がれてきた記憶、あるいは現在の人びとの意識としての歴史と考えたほうがよかろう。

かれらが一時逃れたバンリには、王宮都市になる前、一一世紀に、ジャワの高僧によって創建されたクヘン寺院がある。その境内への長い階段の両側にもうけられた基壇には、ワヤンで演じられるインドの古代叙事詩『ラーマーヤナ』に登場する神々の石像が並んでいる。さきに示したふたつのプナタラン・アグン寺院も、これと同様の形態である。さらに、もっとふるいと思われるが、山地のプヌリサン山につくられたトゥグ・コリパン寺院（6章参照）にもある。これらの寺院の基壇に石像が並ぶさまが「ワヤンの列」だとすると、プンゴタンではプナタラン・アグン寺院に向かう軸道と路地に並ぶ門がそれにあたるともいえよう。

じつは、新しい集住地となったプンゴタンは、王宮都市バンリから尾根道を登りきったかなりの山中にあるが、もともと住んでいたプムトランと標高がほぼおなじである。その村には、おなじような古代インドの神々の石像が石段に並ぶ寺院がある。その名は「崇高なビウの山頂寺院」という。ビウはバリ語の「バナナ」であるが、寺院の開基祭《オダラン》の供物にはけっして使わない果物である。結婚式や葬式などの人間に関する儀礼には使ってよいとされる。その理由は、インドの古代叙事詩『マハーバーラタ』に登場するパーンダワ兄弟が、かれらの儀礼を邪魔した魔神を殺したところ、その屍からバナナの木が生え、実がなったという神話に由来する。この寺院の名称からすると、そこで多くの人が亡くなったことを暗喩しているといえよう。

プンゴタンにも、「パパー・ビウ」というバナナの名前がつく奉納舞踊がある。調査時には、魔神が月を飲み込むとされる月食のときにおこなわれた。バナナの幹を使って、たたいたり投げつけたりしながら、プナタラン・アグン寺院の境内を数十人の若者が逃げたり追いかけたりしている。神への感謝と血族関係を深めるためにおこなう戦闘舞踊だというが、鹿を追う猟場のようにも見える。村人は竹で弓矢をつくることを得意としていることや、街区には剣を祀る寺院もあることから、かれらの祖先は戦士であり、山で鹿狩りをする民ではなかったか。

もともとプムトランという山中の村の民でありながら、一度は王宮都市で暮らし、ふたたび山中に戻り、この地で新たに集住を始めた人びとが、その記憶を遺すためにそれを儀礼として再現したのは、ごくしぜんのことである。また、ワヤンで演じられる『マハーバーラタ』には、血族の犠牲のうえに分裂した王朝の再統合があったという鎮魂の意味が込められるというから、プムトランで暮らしたプンゴタンの祖先たちはこのワヤンの芝居とおなじような歴史をもつのではないかとも考えられる。

伝承では、「ワヤン」というのは、ふるい言葉の「ワヤ」（祖先が降り立つの意）と、「アン」（シンボルの意）というふたつの言葉から生まれたという。だとすると、「ワヤンの列」は、「祖先が降り立つシンボルの列」ということになる。では、プンゴタンの集住地の何をさすのか。軸道の両側に並ぶ寺院や門、路地に並ぶ門、中庭をはさんだ居住棟と儀礼棟の屋敷列が、祖先が降り立つ「シンボル」だとみてよかろう。

「列」に着目してみると、かれらがおこなう奉納舞踊のなかに、バリスという隊列を組んで踊る戦闘舞踊がある。バリスは「列」あるいは「軍の隊列」を意味する。よくみると、この整然とした集住地の形は、ある意味で「列」をなしている。軸道に開かれた路地は、海側の新しい街区をのぞけば、山側に向かって左右対称にもうけられていない。少しずれている。もしかすると、この街区が示しているのは、山地での戦いで優位といわれる「段違いにした二列縦隊」の陣形ではないか。

村長は、塀で囲まれた「小さな砦」に住む、ひとつの大きな家族だ、と説明してくれた。

プンゴタンは、整然とした集住地の形、集住地に配された門、儀礼に欠かせない屋敷列、そして奉納舞踊に、かれらの記憶とルーツをしっかりと刻み込んでいる。

（川西尋子・後藤隆太郎）

第6章　職能集団の子孫が暮らすスカワナ——山地のいにしえの王国

市《いち》でにぎわう山地

バトゥール火山のカルデラの雄大なパノラマ景観を楽しむ観光スポット、バトゥール火山の外輪山。そこは、いつの時代にも、人を引きつけるらしい。

バリ島で王国がはじめて誕生したのも、この外輪山の西部である。九世紀の終わりのころである。王宮の在りかは定かでないが、キンタマーニ、プヌリサン山、そしてスカワナをめぐれば、在りし日の王国の姿をいまも感じることができる。

現在、外輪山の尾根の南西部には道がつけられ、島の北と南を結ぶ幹線道路になっている。その西のほうに、早朝からにぎわうところがある。キンタマーニの町である。三日に一度、早朝から開かれるシンガマンダワ市場は周辺の村々から売買に来た人でごったがえす。ここが島の物流の一大中心地であることが伝わってくる（写真1）。

ここは、ふるい。スカワナでみつかったサカ暦八〇四年（八八二）の年号を記す最古の碑文に、その地名が出てくる。この碑文を発行したバリ島最初期の王国はシンガマンダワ王国とよばれ、女王が治めていた。シヴァ神を奉じる祭司と仏教の僧侶からなる諮問機関、王に国政について助言や勧告をする会議、そして幾人かの高級官吏によって国は動かされていた。有力な高級官吏たちは王朝が代わっても排斥されることなく、そのまま登用され続けたようである。

こうした王国とキンタマーニの関わりが、このあたりで言い伝えられている。スカワナ在住の郷土史家によると、外輪山の北西にあるバリンカンの森に、ジャヤパングス王（実在の人物で在位一一七八—一一八一年）の国があったという。この王は、キンタマーニの市場で出会った中国人商人の娘を気に入り、彼女を妃に迎えた。この王が亡くなったときに、人びとはバロン・ランドゥン（背の高いバロンの意）という男女一対の巨大な人形をつくり、女性のそれを中国人にした。いまでもバリ人が儀礼をおこなうときにケペン銅貨を用いるのは、中国人の花嫁が結婚のときにケペン銅貨を持ち込んだから、ということだ。

このことは、キンタマーニに昔から市場があっただけでなく、それが王国のおひざ元にあったこと、交易がさかんにおこなわれた王国であったこと、そこに中国人商人が出入りしていたことを教えてくれる。市場にいる人びとはいまもさまざまで、バリ人や中国人（中国系バリ人）だけでなく、ジャワ島やマドゥラ島などから来た人たちもいる。昔からキンタマーニは、モノと情報の中心であっただけでなく、島外から来た人びとが行き交い、交歓するところだったのだろう。

写真１　山地の商業の町キンタマーニ。市でにぎわう

宇宙の中心の山がある

キンタマーニの町を少し北に行くと、人家がまばらになり、やがて上り坂になって、両側は林になる。坂道を上りきると、正面に大きな山があらわれる。外輪山の西部でもっとも高い、プヌリサン山である。プヌリサンは、見渡せる場所ということだという。バトゥール山とほぼおなじ標高である。

ここに、トゥグ・コリパン（あるいはカウリパン）寺院がある。プヌリサン寺院の名のほうが親しまれている。山肌に複数の段丘面をもうけ、そこに寺院を建立した寺院コンプレックスである。

入り口で入山料を払い、腰布《カイン》とその上から布《サプッ》を巻いて、割れ門をくぐり、頂上までの三三三段の階段を上る。

九月ごろだと階段の周囲の木々の中にたくさんのダチュラ

が花を咲かせている。シヴァ神が妃とともに暮らすカイラーサ山に咲く白い花をイメージしているかのようである。ただ、バリに生育するこの花は、葉も根もすべてに強い毒性をもち、幻覚を引き起こすという。自白剤としても使われる成分を含んでいる。王国があったことと関連があるのだろうか。

　階段の上に見える二番目の割れ門をくぐると、左側に幅広のテラスが開かれている。そこの奥には闘鶏場《ワンティラン》のような建物が建っている。入り口の割れ門のあるところが一番目の「ブー・ロカ（物質界）」、ここは二番目の「ブヴァー・ロカ（精神界）」とよばれ、さらに三番目の「スヴァー・ロカ（天界）」と三段の石積みの基壇でつながれている。ここに、最初の寺院がある。小さな祠と石の壁に花冠の彫刻が施された瓦屋根の建物が並んでいる。どちらも「ダナ（お布施）」という名前がついた寺院である。

　そのすぐ上の四番目のテラス「マハー・ロカ（偉大な界）」は両側に広がっている。左側に「女王の寺院」、右側に「ブジャンガ親族集団の寺院」があるが、後者は花が彫刻された巨石の台座があるだけで、そこに親族たちがお供え物を置いて、祈りを捧げていた。五番目のテラス「ジャナー・ロカ（凡人の界）」を経て階段を上ると、今度はかなり広いテラスに出る。六番目の「タパー・ロカ（苦行の界）」である。その右側にあるのが「古代の未婚女王の寺院」である。見上げるほどの杉のような木がそびえ立ち、その根元に置かれた台座には、小さな石がふたつ祀ってあるだけである。このテラスから長い階段を上ると最後の割れ門に到着する。そこが、七番目の「サトゥヤ・ロカ（真実の界）」という山頂で、パナラジョン寺院がある（写真2）。パナラジョンとは先端を意味する。

写真2　6番目のテラスから最上のパナラジョン寺院を見る

　このような七つのテラスからなる構成。それはヒンドゥーの「宇宙の七つの界《サプタ・ロカ》」の概念を形にしたのだろう。そして、複数の寺院を、それぞれ意味をもつ異なるレベルにつくる。七つの界の名称は、罪を消すために唱えられるマントラにも出てくる。トゥグ・カウリパン（気高い人生）をめざした古代の王や修行僧が、この寺院を瞑想する場として使用していたのでは、という思いが強くなる。

とすると、プヌリサン山は、ヒンドゥーにおいてもっとも神聖なメル山を象徴するものとしてとらえられたのではないだろうか。仏教においてはスメル山として引用され、インドの古代叙事詩ではカイラーサ山となる。この山は宇宙の中心にあって、七つの同心円の水域（海域）で囲まれ、その四方には四大陸あるいは四都市があるとされる。その水域を絵であらわすと、山肌に段丘をもうけたようにみえる。古代のバリ王朝は、この山を宇宙の中心に見たてて、統治を図ろうとしたのであろう。現在もこの山の四方に存在するスカワナ、キンタマーニ、スルルン、バンタンの四つの村が責任をもって、プヌリサン寺院での儀礼を執りおこなっている。ただ、数え方によって段丘は一一あることにもなるが、この数字からは同数の変化身のシヴァ神が思い浮かぶから、この山はシヴァ神ともかかわっているのだろう。これから訪れるスカワナの集住地は、この山のテラスからは、雲がかかると、まるで天空の村のように見える。

山頂の寺院に着いた。割れ門をくぐって、息をのんだ。敷地の周囲に吹き放ちの建物がめぐらされ、そこにふるい石像や石のモニュメントがぎっしりと並べられているのだ。

石像は五〇–七〇センチほどのものが多いが、すべて表情が違う。仏像を思わせる長い耳が特徴的なもの、仏教とヒンドゥーとが混じりあったような人物像、象の姿をしたガネーシャ像、四つの顔をもつブラフマー像もある。明らかに人物像と思われるものには、一人の立像もあれば、男女のペアもある。シヴァ神の象徴であるリンガが多い。ということは、シヴァ神を崇拝する場でもあるということだ。階段の下のほうのテラスには女王との関わりが感じられる寺院が配されていたが、もっとも高いところには男性神が祀られていることになる。

これらの遺物は、二〇世紀初めに、オランダの研究者や大学の研究チームによって寺院の敷地内で発見された。それらのなかに、日付が刻み込まれたものがある。西暦に直すと、一〇一一年、一〇七四年、一〇七七年、一二五四年、一三三二年である。これは、ワルマデワ王朝のウダヤナ王から、ジャワのマジャパヒト王国に制圧されるバリ最後の王の統治時代を示していることにもなる。

そのひとつ、後部に一〇七七年の日付と「バタリ・マンドゥル（不妊の女神）」の名が記された、一五四センチの高さの若い女性の石像がある（写真3）。年代からして、子どものいなかったアナック・ウンス王（ウダヤナ王の三男、在位一〇四九―一〇七七年）の妃を神格化した石像であると、研究チームは結論づけている。

伝承では、アナック・ウンス王はバリンカンあるいはクタ・ダレムに居を構え、そこに王の都があったという。バリンカンはプヌリサン山の少し東方のゆるやかな傾斜地、クタ・ダレムはプヌリサン山のすぐ南の山である。また、「バタリ・マンドゥル」像の女性、すなわちアナック・ウンス王

写真3　王妃を神格化した石像とされるバタリ・マンドゥル像

の妃に子どもができなかったのは、彼女が中国人の仏教徒であったので、シヴァ派の信者によって呪いがかけられていたから、という。たしかに、この女性の石像は、他の像とくらべると、顔は細おもてでかなり小さい。短めの衣装から足を出しているのか、透明な衣装越しに足が見えるのか、定かでないが、衣装の形態も明らかに他とは異なる。

山下に開く王国

こうしたことから、山地の人びとは、ワルマデワ王朝の都がこの付近にあり、王宮は、初めシンガワナの山頂につくられ、その後バリンカンあるいはクタ・ダレムに移り、最後に南部のブダウルに移ったと信じている。シンガワナも、プヌリサン山の少し北にある山である。つまり、バトゥール山の外輪山の西部は、ふるくから生活の場が展開されていただけでなく、最初期の王朝が興ったところであり、その後も王都があったと信じられているのである（図1）。

天気がよければ、プヌリサン山から、バトゥール山だけでなく、さらに東のアバン山、アグン山を望むことができる。これだけの場所は、そうあるものではない。目をプヌリサン山の足元に転じれば、東と南には緑の陸棚が広がっているのが目

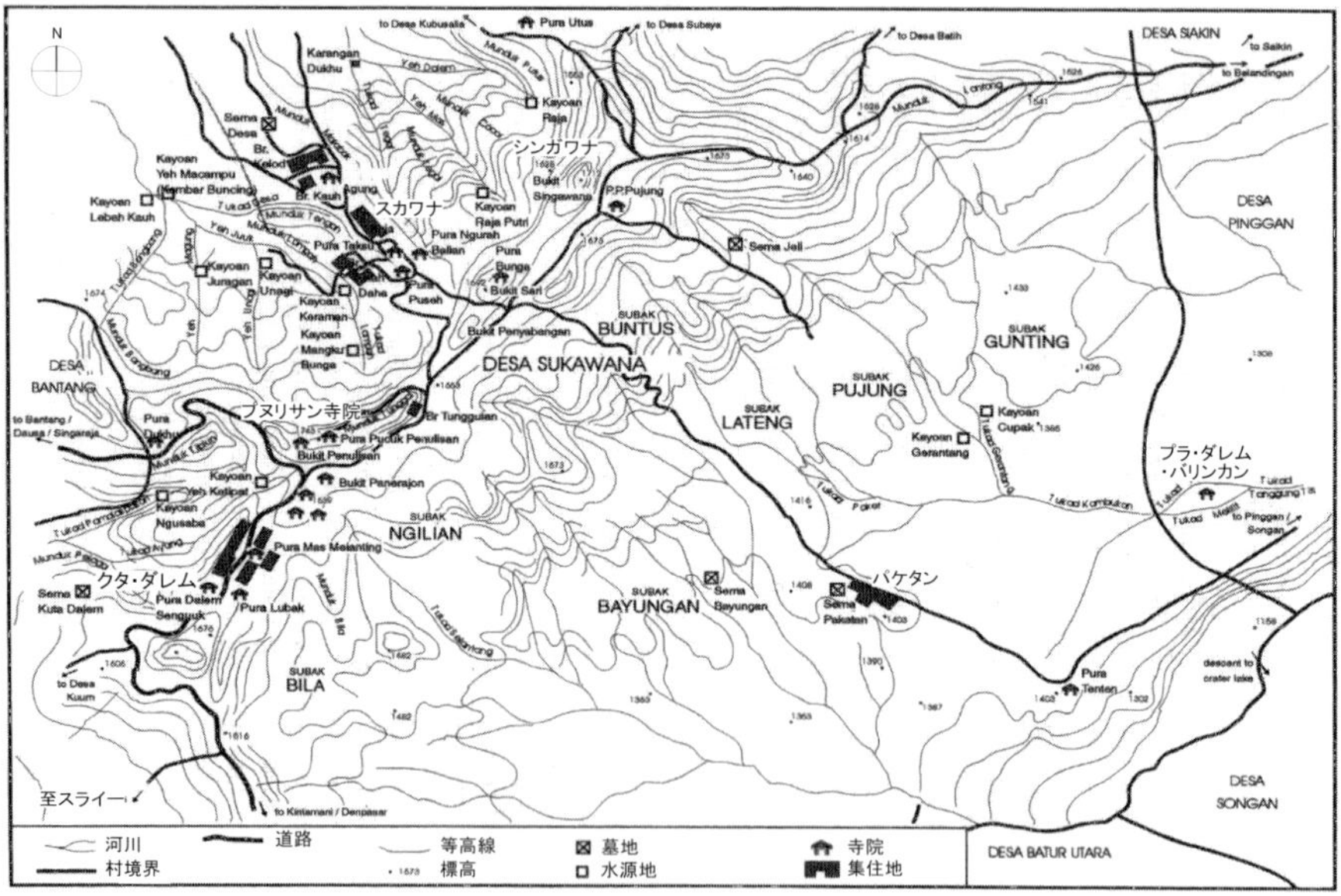

図１　かつて王宮があったと伝えられるバトゥール山西部

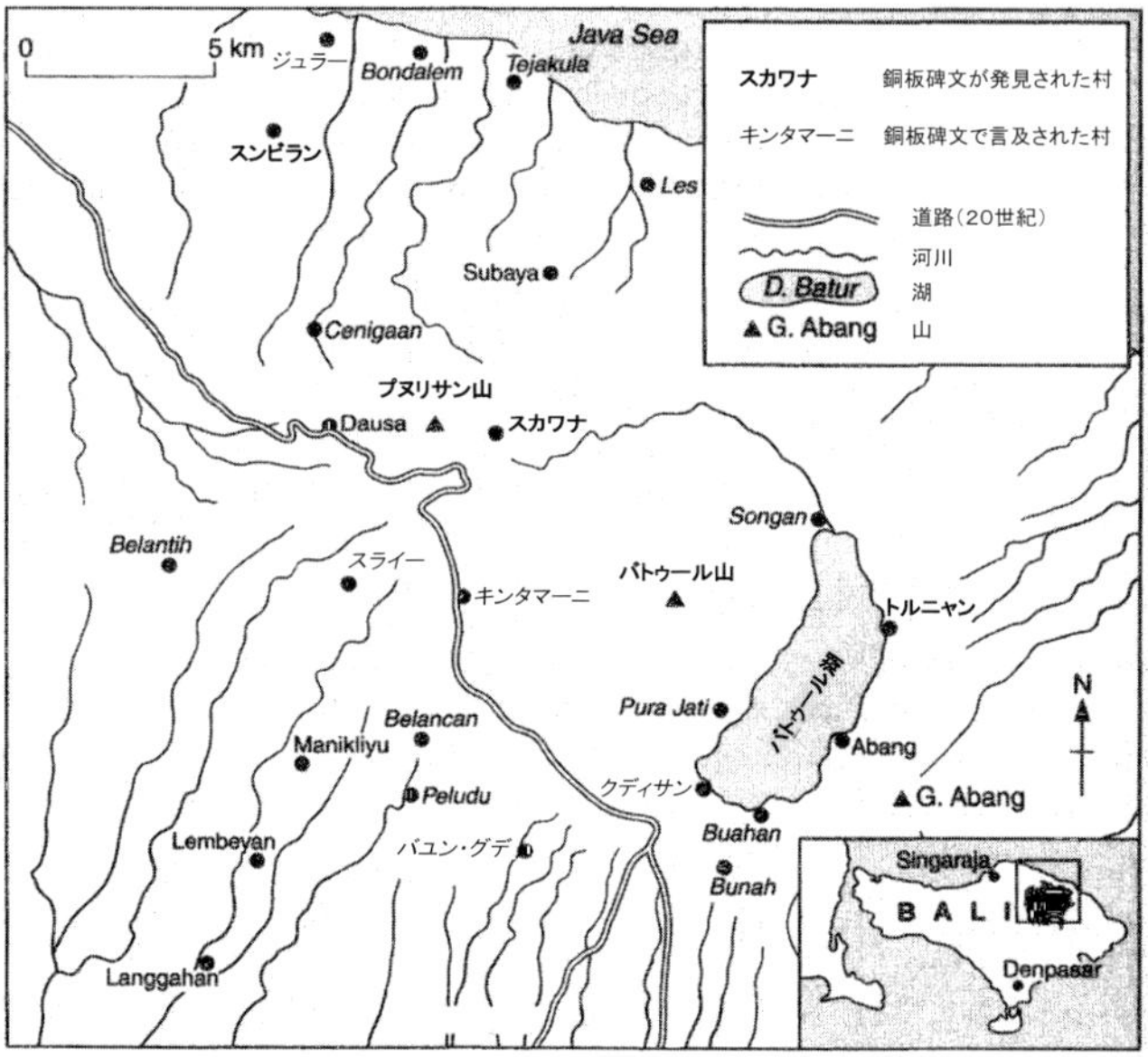

図２　碑文にあらわれる1000年ごろの村々。これが当時の王国の領域を推測させてくれる

に入る。たしかにこのあたりは肥沃な土地柄である。もちろん北を望むこともできる。島の南北をしっかりと見据えることができる地である。島の北と南の分岐点のようなところだ。ここに王国があったとしても、不思議ではない。

最高峰プヌリサン山に王朝寺院を奉じ、その山下に王宮を構え、近くに市場を、海岸に港を備えた王国。それがどの王朝であるかは別にして、いにしえの王国の生活空間を垣間見ることができる村々がある（図2）。

そのひとつ、スカワナに向かう（写真4）。

写真4　天空の村スカワナ。手前がバンジャール・タナ・ダー、奥がバンジャール・デサ

寺院の前を道なりに左に行くと、島の北海岸の中心都市シンガラジャへと続くが、寺院の前で右に曲がって奥へすすむ脇道には、錆びついた小さな道路標識が「右スカワナ」と示している。脇道の左手のプヌリサン山にはトゥグ・コリパン寺院があり、右手には木々の間からバトゥール湖が見える。さらにすすむと小高い丘の手前で道が二手に分かれる。右手に曲がると、バリンカンへの古道である。その途中には、シンガワナの山頂に行く道もある。その分かれ道を左手に曲がり、しばらく下ると、やがて木々の間から集住地が垣間見えてくる。

木々の間から見える家々は、茶色に錆びついたトタン屋根の棟を一様に山と海の方向に向けてびっしりと山肌に取りついているようにみえる。その先には尾根に沿いつつ、尾根の下に張りつく一群の家々が見える。尾根には住んではいけないというのだろうか。あるいは、尾根があまりにも狭すぎて、そこに住居をつくることができないのだろうか。ちょっと異様な光景だ。これがバリ島でもっとも高いところに人びとが暮らすスカワナである。いまもこのあたり一帯の儀礼の中心的役割を果たしている。集住地が見えてから、ふたたび林の中の急な坂を下っていく。右手に村の起源の寺院《プラ・プセ》と小学校があらわれて、集住地に着いたことを教えてくれる。山のほうから入っていく集住地である。

近づくと、トタン屋根は思ったより大きい。集住地の道は狭く、石などで舗装が施されてはいるが、路地というよりほとんど建物のすきまだ。どこから出てきたのか、子どもがいぶかしそうにこちらをみている。薪を頭に乗せた女の人が二人、いつの間にか路地を下っている。車では中に入れない。道際の小学校の脇に車をとめて集住地の中を歩くしかない。

歩いていると、宅地の中から犬が出てきて、はげしく吠える。路地は意外に急な坂である。宅地の中を見たいので、誰かに声をかけたいのだが、宅地に人の気配がない。昼間の集住地には人気がほとんどないのである。車に戻る。

いま歩こうとしたところは、バンジャール・タナ・ダーだ。そこを出て、左手に小さな谷を見ながら行くと、また集住地がある。バンジャール・デサである。そこにある小さな山の頂部に村の守護寺院《プラ・バレ・アグン》がある。門前に市の売り台がおかれている。この寺院をいだくように住居が山肌に張りついている。さらに先に行くと、また山があり、その頂部は墓地である。住居がなくなるあたりから野道になり、その先は斜面上に果樹園が広がっている。来る途中にここを見たときには、なんとも寒々しいところにみえたのだが、こうして下ってくると、その先にある斜面はなだらかで、豊かな生産緑地である。やがて、車では通れないがたがた道になったので、車を降りてみる。まわりには、薄く雲がかかっている。その雲の先に、青いものがみえた。海だ！　地図で確かめると、バリ島北部のバリ海まで、直線で一〇キロくらいだ。意外に近くに海が望める。

スカワナの人びとは、バリ島最初期のシンガマンダワ王国は、現在のスカワナ村内のシンガワナの丘にあったと信じている。じっさい、王国が発行した碑文がここで一枚、みつかっている。それに、シンガワナの丘には、建物の基礎が残っていて、土を掘ると、いつのものかわからないような陶器の破片などがごろごろと出てくるそうだ。シンガワナとは、古ジャワ語の「シンガ（獅子）」の「ワナ（森）」である。スカワナの名の由来は、「シカ（中心）」「ワナ（森）」、すなわち「森の中心」だという。

七つの階層が集住する形

この古王国をいまに伝えるスカワナは、どのようにつくられているのだろうか。

簡単にいえば、ふたつの尾根がそれぞれひとつの集団居住地バンジャールをなし、それぞれの居住地がさらに四、五の居住区――これもバンジャールとよんでいる――に分かれている。そのかぎりでは、特に変わったところのない集住地なのだが、そのいわれがとても興味深い。多少わずらわしいかもしれないが、もう少し詳しくみていこう。

私たちがいるふたつの集団居住地バンジャール・タナ・ダーとバンジャール・デサは、スカワナ慣習村の一部である。世帯数と人口は、それぞれ二五八世帯一一二一人と二三三世帯九二〇人である（二〇〇四年三月現在）。それを構成する居住区の起源は少なくとも数百年前にさかのぼるという。

言い伝えによると、スカワナは、ジャヤパングス王の治世に、王宮に仕える人たちの居住地としてつくられたという。さきの碑文からみると、もっとふるいと思われる。当時、スカワナの社会は七つのワルガという階層から構成されたという。政治家（ブンデサ）、軍人（パセック）、刀鍛冶（ガドー）、書記（プニャリカン）、神を祀る祭司（クバヤン）、土地を治める祭司（ブジャンガ）、技術者および労働者（ウォッ）である。各階層は、それぞれがまとまって居住地を形成した。そして、現在もなお、当時の階層の子孫が、集団居住地の居住区に分かれて住んでいる、と考えられている。

バンジャール・タナ・ダーを構成する五つの居住区には、軍人、書記、神を祀る祭司、技術者および労働者の子孫が暮らしている。バンジャール・デサの四つの居住区のうち、ひとつには刀鍛冶が暮らしている。ふたつの居住区には政治家の子孫が住んでいるが、そのうちのひとつはあとにできた居住区で、政治家の一部がそこに移り住み、もうひとつの居住区には、政治家と神を祀る祭司の子孫がともに暮らしている（図3）。ただし、土地を治める祭司は、昔から、近くのクウムという居住区に住んできたという歴史があり、子孫もまたそこに暮らしている。その地は、他村の人を使って新たに開墾した農地である。かれらの親族寺院は、プヌリサン山にある。四番目のテラスの右側にある、巨石の台座だけのそれだ。

ふたつの集団居住地には、もうひとつ、起源伝承がある。それによると、クタ・ダレムの王宮から三人の兄弟がこの地に来た。長男と次男はバンジャール・デサの居住区クロッドとカウに住んだことから、このふたつの居住区は父系社会となり、バレ・アグン寺院（男の寺院）をつくった。ところが、三男はニワトリの鳴き声につられて谷を渡ったバンジャール・タナ・ダーの居住区ジェロに住んだ。三男は、もっともふるくからある居住区プンバタンの女性と出会い、結婚し

写真5　石を祀るタクシュ寺院（図3のC）

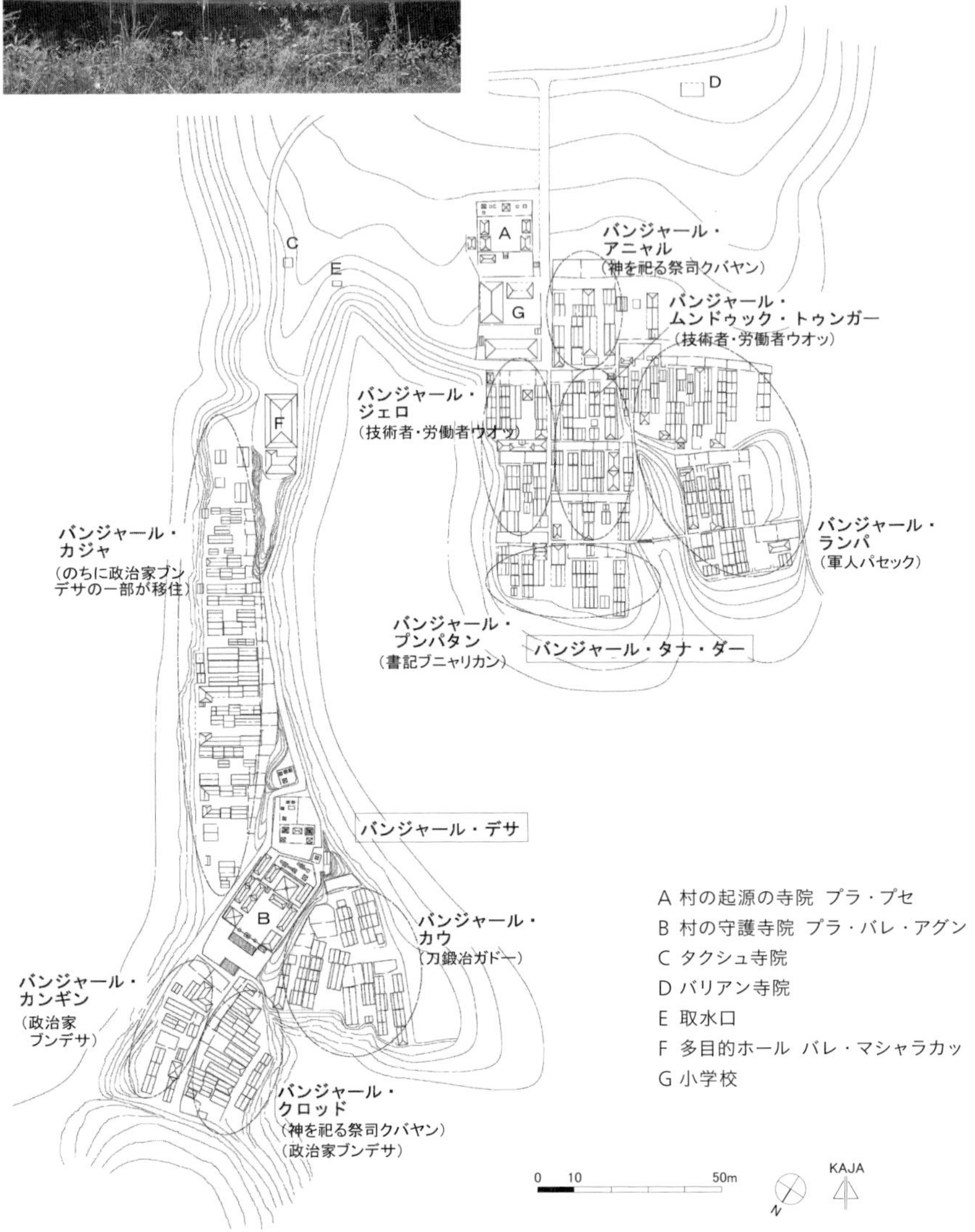

図3　スカワナの7つの階層の子孫が住むバンジャール

たので、母系社会となり、パオス寺院(女の寺院)をつくった。タナ・ダーは、バリ語でタナは土地、ダーは若い女性を意味するから、以前から母系社会だったとも考えられる。当初、寺院は巨石を祀るひろばだったが、一一世紀ごろ、ジャワの高僧クトゥランによって三大寺院方式がもたらされて、パオス寺院は村の起源《プラ・プセ》の寺院になった。

あらためてこのふたつの集住地をみたときに、その構成が似ていることに気づく。バレ・アグン寺院(男の寺院)のある集団居住地の高いところには、タクシュ寺院(女の子の寺院)(写真5)があり、パオス寺院(女の寺院)のある集団居住地の高いところには、バリアン寺院(男の寺院)を配するという構成である。これは、スカワナの人びとが崇めるプヌリサン山の寺院コンプレックスの、女である女王寺院を山の斜面のテラスに並べ、山頂のもっとも高いところに男のシヴァ神を祀るという男女がペアになった構成ととてもよく似ている。ふたつで対になってあるというところに、人間っぽい二元論をみるようである。

共同の儀礼棟をいだく職能集団

屋根の棟を一様に山と海の方向に向けたスカワナの特徴ある家並み。それは、いまはバンジャールという社会組織に変わっているが、かつてワルガという階層ごとに集まって住んでいたかれらの住まい方をいまに伝えているかもしれない。

居住区をくまなく歩いてみた。かれらは六－一〇家族ほどがひとつの区画に集まり、中庭を介して対面して住んでいる。そして、その中庭に、いまはかなり改変されているが、共同の儀礼棟がもうけられている。これがスカワナの共通した居住形式である。

こうした居住区画が、技術者・労働者階層の子孫が住んでいるという居住区ジェロには、ふたつある。そのひとつ、低い位置にあるほうを訪ねてみよう(図4)。

居住区画は北西斜面に形成されており、高いほうをカジャ、低いほうをクロッドとよぶ。居住区画には低いほうから入る。居住区画全体はほぼ平らに整地されているが、居住区画の入り口あたりの部分は段差処理して、傾斜地を宅地化している。

居住区画のもっとも高いほう、つまり最奥は、一段高くした区画となっていて、階段で上がるようになっている。二・六五メートルもある。不用意に人が立ち入らないように、扉が施してある。この内部はふたつに仕切られていて、東側は祖先神を祀るサンガ・クムラン、西側は唯一神を祀るサン

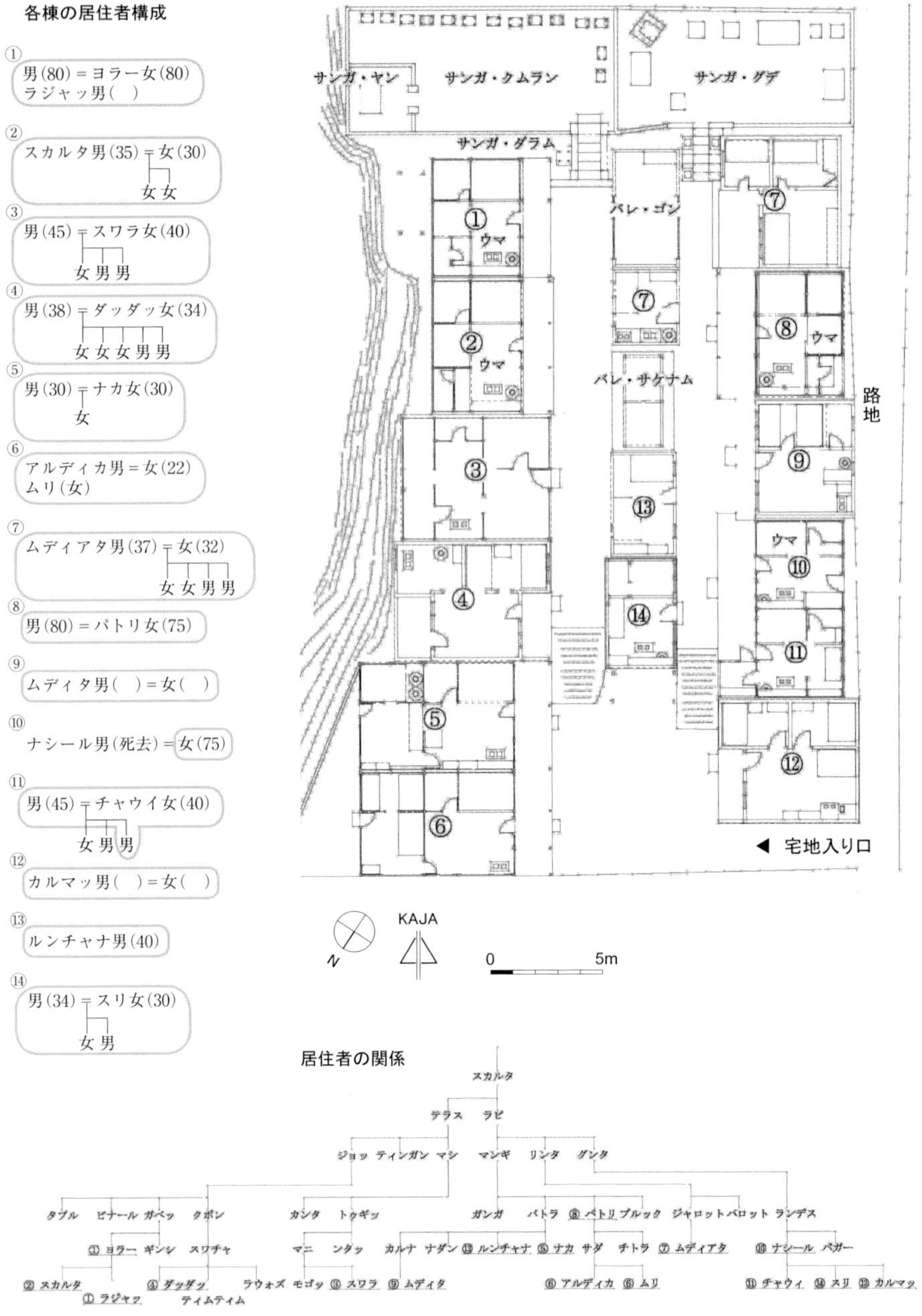

図４　技術者・労働者階層の子孫が住むバンジャール・ジェロの宅地の建物構成

ガ・グデとよばれている。要するに家族の祠《サンガ》の空間だ。唯一神を祀るようになったのは比較的新しく、インドネシア独立のころからバリ人としてのアイデンティティを大切にするためだ。その様式に決まりはなく、所有者の自由だという。たしかに、新しくて立派な祠が並んでいる。もともとは、東側にあるような祖先を祀るサンガ・クムランがあったのだという。そこには竹で組まれた小さな祠がたくさん並んでいる。この居住区画に住む夫婦が一組にひとつの祠を所有していて、それぞれの祖先を祀っている。よくみると祠にはふたつのスペースがある。東北角にはサンガ・ヤンがある。ヤンとはヒャン、つまりカミということだから、祖先を神格化したものだろう。

　この家族の祠から見ると、高い《カジャ》ほうから低い《クロッド》ほうに細長い居住区画が三列の建物によって構成されている様子がよくわかる。対面して配置された左右の列はウマとよばれる一棟型住居群で、真ん中の列にはバレ・ゴンやバレ・サケナムが並んでいたという。真ん中の列は、現在は、それぞれ一棟ずつを残して居住のための棟に建て替えられている。建物の材料はさまざまだが、木造竹壁あるいは木造板壁、屋根は竹瓦がふるい様式だろう。壁板の大きさに、いったいどこにこのような大きな木があったのかと思ってしまう。棟と棟の間は、ちょっとした中庭的なスペースになっていて、そこで洗濯をしたりする。水は近くから汲んでくるが、屋根に降りそそぐ雨を樋などで集めて使ったりもしている。

　この居住区画には一四家族が住んでいるが、居住者の血筋をたどると、ひとりの人物に行きあたる（図4参照）。つまり、ひとつの親族集団の住まいなのである。聞くと、いまから一〇年ほど前には、住居をばら売りしたこともあったそうだが、居住区画内での関係がうまくいかなかったらしく、最近は親族以外に家を売ることはないという。

　さきにみたバレ・ゴンは、この居住区画の人びととその一族が所有するゴン（楽器の銅鼓）をしまっておく建物である。バレ・サケナムは六本柱の吹き放ちの建物で、ふだんは薪が積まれて物置のように使われているが、本来、結婚式など家族の儀礼をおこなう場所である。バレ・ゴンとバレ・サケナムはこの居住区画に住む人びとによって所有されている（写真6）。

　このように身内だけで住み続けることは、階層というか、職能を継承するときに共通してみられるものなのかもしれない。

写真 6a　バンジャール・ジェロの中庭空地とバレ・ゴン

写真 6b　バンジャール・ジェロのバレ・サケナム

二元世界が入れ子状に

宅地の両側に対面して並ぶ一棟型住居のひとつの屋根はトタンに代わってしまっているが、壁は使い込まれた板壁だ。板壁を使うことはコロニアル・スタイルの影響を受けているのだろうか。窓はない（写真7）。この一棟型住居には、八〇歳と七五歳の老夫婦が住んでいる。住居は五〇センチほどの高さの基壇の上に建てられており、戸口へのアプローチとなるバルコニーはバタランとよばれる。床という意味だ。戸口を入る。住居の内部はかまどの煙で煤けている。柱やかまち、床板は使い込まれて黒光りしている。

建物の内部は、戸口から見て手前と奥、高いほう《カジャ》と中と低いほう《クロッド》の、二×三の六つの空間に分節されている（図5）。手前の低いほう《クロッド》にもうけられた台所《パオン》をのぞいて、厚い板張り床となっている。この板張り床の高さに差がつけられていて、低いほう《クロッド》が低い床張りになっている。

戸口を入ったところは居間《グラダツ》である。ここには小さなテーブル《パンガツ》と腰掛け《テガカン》がある。この小さな腰掛けに座ってコーヒーをご馳走になった。腰掛けの高さは一二センチだから、ほとんど床の上にじかに座っているような目線になる。それほど近しくない客人をもてなしたり、おばあさんが作業をしたりする空間である。

この居間からみて、主人の就寝台《ルバンガン・グデ》と儀礼道具のための神聖な収納《スラタン》、儀礼台兼就寝台《トロジョガン》は、五七センチ高い壇になっている。それにたいし物 置《ルバンガン・ブテン》は二九センチの壇だ。神聖な収納の屋根裏は開いていて、そこに神だな《プカジャ》がある。そこに祀られるのは神と祖先である。神だなには、パジャガンとよばれるケペン銅貨を紐で束ねたものが入れられた小さな壺がある。ここに入れられるケペンの枚数は村から土地を与えられているかどうかで決められる。土地を所有していれば一九〇〇枚、所有していなければ二二五枚である。

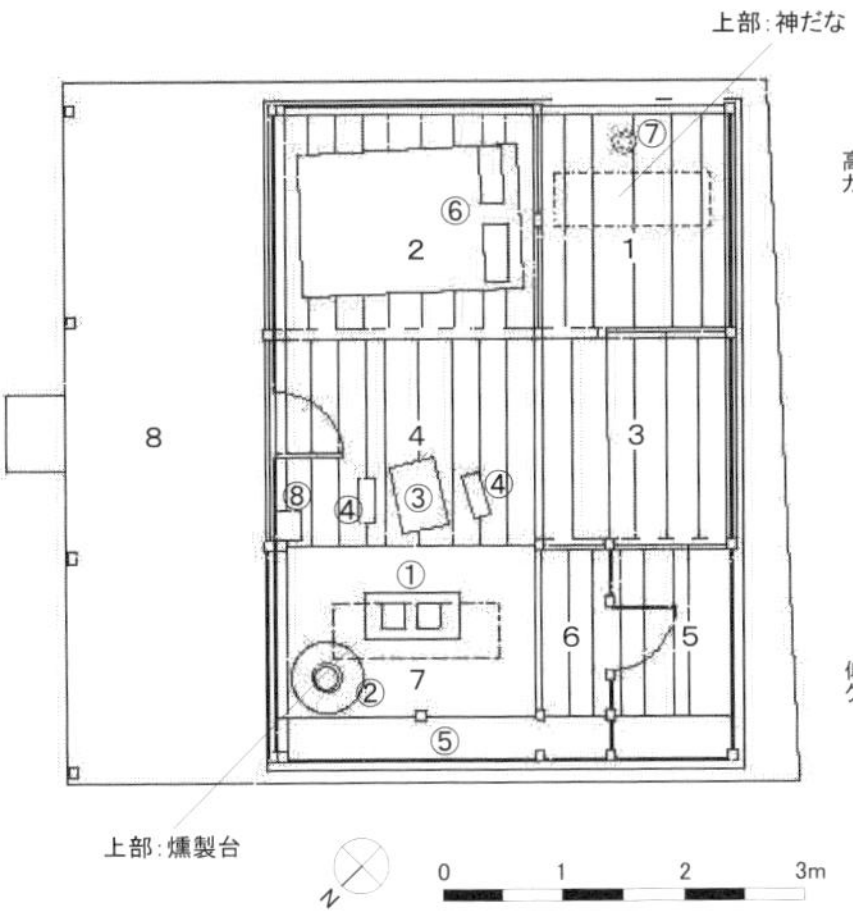

1　神聖な収納 スラタン（板張りH57cm）
（屋根裏）神だな ブカジャ
2　主人の就寝台 ルパンガン・グデ（板張りH57cm）
（屋根裏）コーヒー、もち米などの収納
3　儀礼台+就寝台 トロジョガン（板張りH57cm）
（屋根裏）物置
4　居間 グラダッ（板張り）
（屋根裏）米、根菜の収納
5　衣装などの収納 スラタン・クロッド（板張りH29cm）
6　物置 ルパンガン・プテン（板張りH29cm）
（屋根裏）豆の収納
7　台所 パオン（土間）
（屋根裏）とうもろこし、稲の収納
8　バルコニー バタラン（土H=50cm）

①　かまど
（上部）燻製台 プナピ
②　水かめ
③　テーブル パンガッ（W37m 、D39cm, H19cm）
④　腰掛け テガカン（W37m 、D15cm, H12cm）
⑤　備え付けの棚
⑥　寝具
⑦　ケペン銅銭の入った壺　パジャガン
⑧　神だな　アリ・アリ

図5　スカワナの一棟型住居平面

写真7　一棟型住居のファサード

写真8　スライーの中庭空地・対面型二列居住

台所にはかまどが備えつけられており、その横に大きな水かめが置かれている。かまどの上には燻製台《プナピ》があり、とうもろこしが置かれている。物置には調理道具などが置かれている。その奥は衣装《スラタン・クロッド》などの収納である。

屋根裏《トウクップ》にも、使い方に決まりがある、神聖な収納の上の屋根裏はさきにみたとおりで、それ以外は、儀礼台兼就寝台の上が物置、主人の就寝台の上が豆、コーヒー、もち米、陸稲の収納、居間の上が根菜や米の収納、物置の上が豆の収納、台所がとうもろこしと米の収納である。いまでこそ米は出回っているが、このあたりに水田はなく、ごく最近まで主食はとうもろこしであったという。収納される物が変わってきても、低《クロッド》いほうにあたる台所の周辺には日常の食べもの、高《カジャ》いほうにあたる主人の就寝台の周辺には副菜や儀礼のさいに用いる食べものが保存されている。

これは西側の一棟型住居だが、東側の場合だと、この構成がそのまま反転した形になる。つまり、一棟型住居の構成には、高《カジャ》いほうが聖、低《クロッド》いほうが俗、奥が聖、手前が俗という対概念を見いだせる。

そうすると、スカワナの生活空間には、一棟型住居、宅地、集住地、これらすべてに二元論をみることができる。つまり、一棟型住居においては、平面構成と垂直方向にみられる聖俗の空間分化、宅地においては、右左の一棟型住居の列、そして集住地では、男と女の集団居住地がそれである。

そして、ふたつのものの間には、両者が交わらないための軸となる空間、あるいは緩衝帯がもうけられている。一棟型住居の場合の軸は、どちらかというとふだんの生活をする場である。居住区の場合は、共同の儀礼空間である。

これだけにとどまらない。社会組織のなかにも、それがみられる。バレ・アグン寺院の中にある長細い建物バレ・ランタン（バレ・アグンともいう）で儀礼をおこなうさい、高《カジャ》いほうから見て右側には土地を所有する人たちが、左側には土地を所有しない人たちが座る。集会所での座り方にも、共同体での役割によって、右左の位置は厳密に適用されている。

そして、集住地には、自然地形の谷がある。自然の軸である。

二元世界が入れ子状になって集住をつくり出している。

少し南のほうにスライーという村があり、九四〇年ごろに出された王の布告を記した碑文にその名がある。そこには、王の猟場の住民が減税を嘆願して承諾されているが、嘆願者は猟場の王の下僕とよばれ、下位の君主か官僚に統治されていることが記されている。その集住形式も、中庭に儀式棟こそないが、スカワナとおなじ中庭を介した二列居住だ（前頁写真8）。それが王の猟場で働く王の下僕の住まいだったかもしれない。

いにしえの王国の生活空間は、職能集団が集まって住むこと、共同の儀礼空間の存在が職能集団の発生と関係しているようであることを教えてくれる。

（大谷聡・川西尋子）

第7章　儀礼ネットワークを形成するバユン・グデ――山地の村の大きな力

威嚇する森の中の村

いまも噴煙を上げ続けるバトゥール火山（標高一七一七メートル）の外輪山南縁の山肌の自然は豊かには見えない。水が少ないのだろう。外輪山から南に下ったところには村が点在するが、そこへのアプローチは多くが山から下りてくる道である。

そのような山地に、広範囲に村間の交流を繰り広げるバユン・グデがある。

集住地は、山中のちょっとした舌状の台地に開かれている。三方を天然の要害で囲まれた絶妙の場所だ。以前は、集住地に柵がめぐらされ、四か所に門があったという。ちょっとした要塞のようではなかったかと思う。

この村には山から入るのが一番だ。外輪山の尾根を走る街道に、「バユン・グデ」と書かれた、錆びついた小さな標識がある。ひっそりと立っているから、気をつけていないと、見過ごしてしまう。この標識を頼りに、そこから一・五キロメートルほど南に下っていくと、門が見えてくる。新しくつくられたものだ。道中、水田は見えず、自然林が広がっているだけのようだ。が、よく見ると、雑然とはしているが、柑橘類やコーヒーなどの果樹林が広がっている。

この山側の門からさらに下り、村が所有する林の間を通る道を抜けたところで、両側に寺院が建つその先に開かれた、ちょっとしたひろばに行きあたる。高台になっているこのひろばから見た家並みに、思わず息をのんだ！

竹やトタンのとんがり屋根が整然と連なっている！

まるで穂先鋭い槍だ。槍をもった戦士の隊列か、と一瞬たじろぐ。建物が少し小振りにつくられているのだろうか、おとぎの国に来たかのような錯覚に陥る（写真1）。

森の中で、周囲との関係を断絶するようにみえながらも、屋根をいっせいに空に立ち上げて、みずからの存在を誇示しているかのようである。森の中にこつ然と、まわりを威嚇するようにあらわれる集住地だ。バユン・グデとは、「大きな力」という意味である。森にひそやかに暮らす人びとというのが山地民に対する一般的イメージだが、それとは裏腹の村名だ。いったい、何が「大きな力」というのだろうか。

路地に米倉を並べる

足はどうしても住居に向いてしまう。バユン・グデの家並みを大きく特徴づけている、とんがり屋根の連なり。その整然とした家並みは、塀で囲まれた住まいの一軒いっけんが隣家との境界の塀を共有したりしながら連なっており、しかも一軒いっけんがほぼおなじ建物構成からなっていることから生まれるものだ。もちろん、建物構成にしろ、建物の形にしろ、ひとつとしてまったくおなじものはない。しかし、一定の約束事を守ってつくられているから、全体としてひとつのリズムを生み出し、それが整然とした屋根の連なりに見えるのだ。

屋敷地は高さ一五〇センチほどの塀で囲まれている。路地から小さな門を抜け屋敷地に入ると、すぐ山手側に米倉がある。米倉は高床の小さな建物で、屋根裏に儀礼のさいのお供えなどに使われる陸稲を収納する。高床部分が吹き抜けになっているものはジネン、壁のあるものはゲロボッとよばれる。以前は、ここにはジネンはなく、あるのはみんなゲロボッだったという。水田のないこのあたりでは、ブラス・ガガとよばれる陸稲を栽培している。陸稲は、主食としてではなく、儀礼に用いるためである。いまは食用米が簡単に手に入るが、米のない昔は、イモととうもろこしが主食だった。ジネンには上部の儀礼のための陸稲の収納、中間部の休憩や儀礼のための台座、そして下部の薪置き場という三つの機能があるが、ゲロボッには陸稲の収納と薪置き場のふたつの機能しかない。

その奥には、バレ・ピンギッあるいはたんにバレとよばれる儀礼棟が敷地の奥に出入り口を開いて建てられている。さらにその奥に、パオンとよばれる、かまどのある主寝室棟があり、儀礼棟に対面するように出入り口が切られている。そして、一番奥に、家族の祠のある区画がある（写真2、図1）。

写真１　ひろばから見たバユン・グデの家並み

写真２　米倉ゲロボッ（左）、儀礼棟バレ・ピンギッ（中）、主寝室棟パオン（右）の伝統的建物

写真３　米倉が並ぶ路地

ここでは、このように、三つの建物とひとつの聖なる区画を建てなければならない。米倉にはバタラ・スリあるいはウィスユヌを、儀礼棟はスワラを、主寝室棟はブラフマーを祀り、それぞれ空と風と火であり、この三つがあってはじめて住まいは成り立つと信じられているからだ。ただ、ふるくからこのような神を祀っていたのかはわからない。

一九四五年ごろまでは、竹で葺いた屋根、竹の壁、土壁、土の塀の家がほとんどだったというが、いまはトタン屋根、コンクリートの壁が多く、土壁はもうない。竹の屋根や壁は、主寝室棟に多く残っている。煙を抜くのに、トタンではあまり具合がよくないということなのだろうか。竹の屋根の耐用年数は、主寝室棟で二〇年、儀礼棟と米倉で一五年ほどだということだ。この竹はもうなかなか手に入らないから、トタンに葺き替えても、大事に取っておくのだそうだ。塀は、いまでもほとんどが土のままである。

これらの建物の屋根のうち、米倉の屋根の勾配が特に大きくとってあり、とんがり屋根を際立たせている。それが道の両側に――といってもほとんどが路地だが――建てられている（写真３）から、整然とした屋根の連なりが二重になっていっそう強調されている。儀礼に用いる聖なる陸稲が保管さ

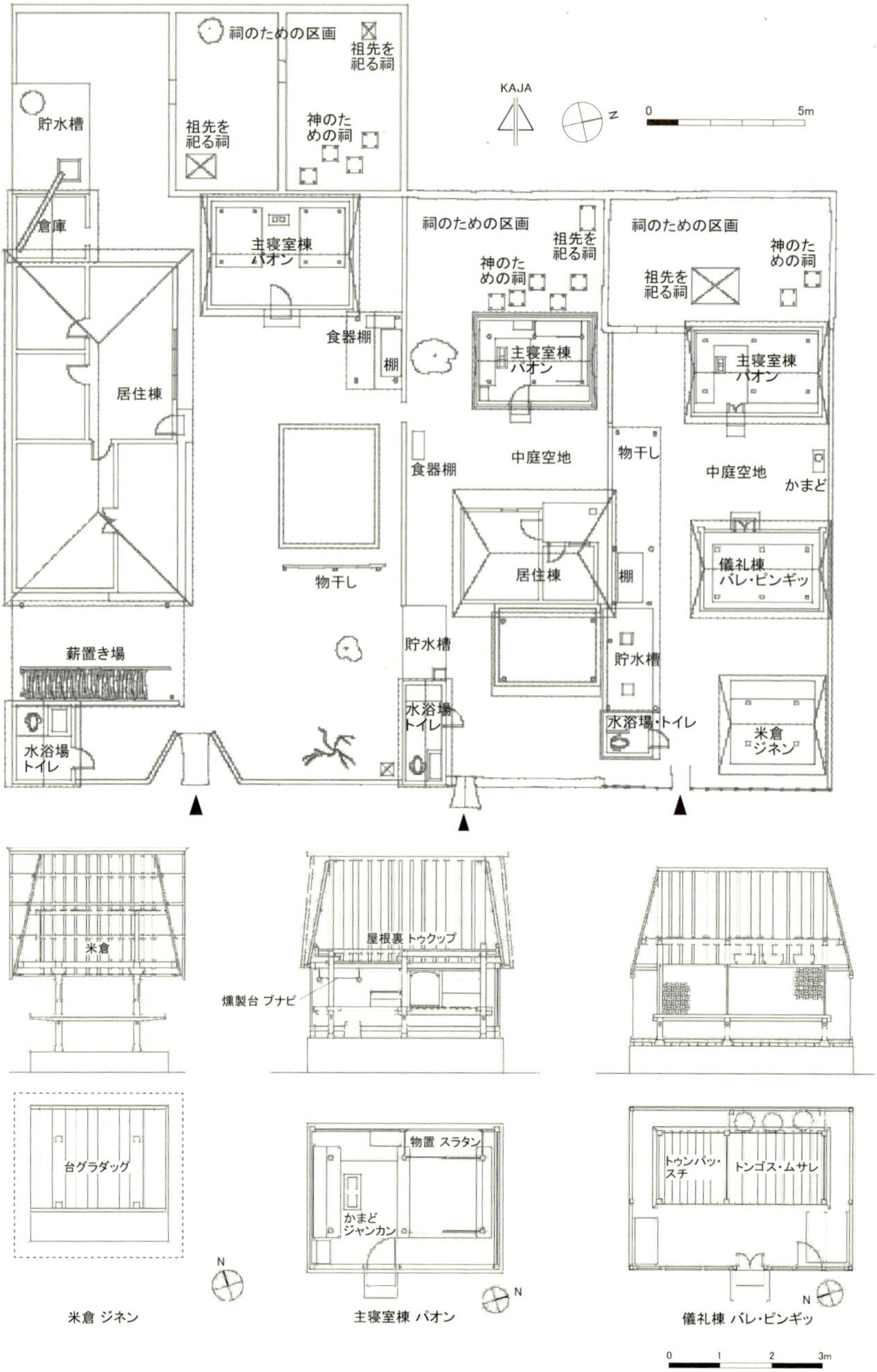

図1　バユン・グデの屋敷地の建物構成

れている米倉がこうして連なることによって、儀礼をおこなうことが個々人の儀礼であることを超えて、かれらの共有する象徴的行為であることを空間的に示しているように感じる。とすると、村と儀礼の関係が、この村を理解する鍵なのかもしれない。バユン・グデすなわち「大きな力」は、そこにあるということか。

ひろばに向かう街区

屋敷地を調べていて、あることに気づいた。屋敷地は、隣家との境界の塀を少し切り取って、屋敷地相互に敷地内で行き来ができるようになっているのだ（写真4）。隣近所の屋敷地は、親族関係の場合もあるが、必ずしも親族で連なっているわけではない。これは、儀礼のさいに来客が多くて自分の屋敷地に入りきらないとき、隣りの家の中庭空地《ナター》をかってに使ってもいいように開放しており、閉めきっていると近所づき合いが悪いと思われるから、ということだ。

この話を聞いていて、納得できたことがある。なぜ主寝室棟と儀礼棟が向かい合わせで建っているのかということだ。敷地規模から考えれば、三つの建物を直線状に並べ、境界塀に沿って路地につながった敷地内通路をつくり、そこから各建物に入るという形も十分に可能だ。わざわざこのような形に配置する理由は何か別にあるはずだが、それがわからなかったのだ。

隣家との境界の塀は共用であることがほとんどだ。それぞれの家が境界塀を別々につくるということはほとんどない。だとすると、もともとは境界の塀などなく、主寝室棟と儀礼棟の間にある中庭空地が連なっていたのではないだろうか。このように考えると、主寝室棟と儀礼棟が出入り口を向かい合わせでもうけていることの説明がつく。山地のプンゴタンでは街区の中庭空地はすべて連なっているし（5章参照）、北

写真４　隣家との境界の塀を少し切り取って屋敷地を行き来する

部のチュンパガでは街区のひと連なりの中庭空地が個別化していく過程がまさに進行中であった（8章参照）。そうであれば、これでひとつの小街区が形成されることになる。

連なった中庭空地の向かう先は、ひろばである。小街区はすべてひろばに向かうことになる。

そんなひと連なりの住居群からなる小街区が、ひろばから南に下る幅六メートルほどの大通りを軸として、大きくは、大通りから東に四列、西に六列、並んでいる。屋敷地は二列が背割りになって配されている。屋敷地の奥行きは二〇メートルほど。小街区によって奥行きの違いはあるが、ひとつの小街区ではおなじ奥行きでそろっている（図2）。屋敷地の間口は七、八メートルほどである。屋敷地は村が所有し、農地もほとんどが村の所有である。

大通りの東側の街区はテンペック・カンギン、西側の街区はテンペック・アブアンとよばれ、ふるくからあったのはこのふたつの街区である。バレ・アグン寺院の西にあるテンペック・カジャは、新しい街区である。テンペックというのは屋敷地の集まりを意味し、カンギンは東、カジャは山側と、方位をあらわす。位置的に西にある街区を特にアブアンとよんでいる。アブアンは予備といった意味だから、東の街区のほうがよりふるくからあったのかもしれない。

東の街区と西の街区の屋敷地の入り口は、さきの大通りと、南北方向の路地にもうけられている。南北方向の路地の幅は一九〇センチほど。東の街区の中でひろばに近い屋敷地のいくつかが大通りに向いて開口していないのは、昔、そこの住居に災いがあり、神の託宣で東側に開口をもうけるようになったのだという。

小高いひろば

ひろばは街区より数メートル高くなっており、小街区から直接にひろばに行くことができない。各住居から路地を通って――ふるくは中庭空地からであったかもしれないが――大通りに出て、ひろばに向かうようになっている。

大通りに戻ってみると、タンクローリーがきている。乾期で水不足だから、この村の人がずっと下流にあるパヤンガンのクルタ村の湧水をタンクローリーで運んできて、売っている。屋敷地内にある貯水槽満杯で八万ルピア（約八〇〇円）だ。川は完全に干上がっている。それぞれの家では屋根の雨水を竹樋などで集めていたりしている。これほどまでに水がないのであれば、農作物を育てるのもたいへんだと思う。

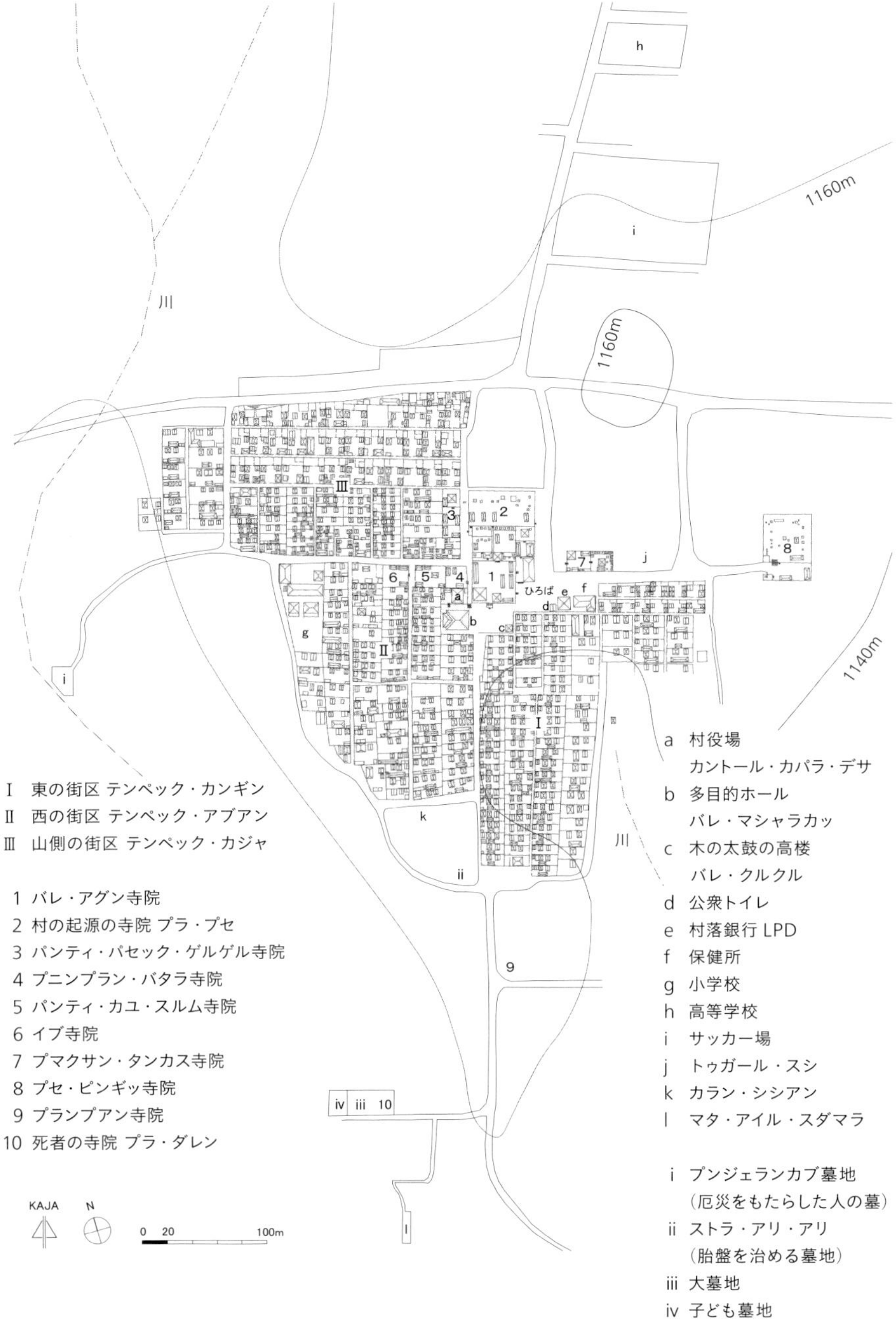
1160m
1160m
1140m
川
川
ひろば
KAJA
N
0 20 100m
Ⅰ 東の街区 テンペック・カンギン
Ⅱ 西の街区 テンペック・アブアン
Ⅲ 山側の街区 テンペック・カジャ
1 バレ・アグン寺院
2 村の起源の寺院 プラ・プセ
3 パンティ・パセック・ゲルゲル寺院
4 プニンプラン・バタラ寺院
5 パンティ・カユ・スルム寺院
6 イブ寺院
7 プマクサン・タンカス寺院
8 プセ・ピンギッ寺院
9 プランプアン寺院
10 死者の寺院 プラ・ダレン
a 村役場
カントール・カパラ・デサ
b 多目的ホール
バレ・マシャラカッ
c 木の太鼓の高楼
バレ・クルクル
d 公衆トイレ
e 村落銀行 LPD
f 保健所
g 小学校
h 高等学校
i サッカー場
j トゥガール・スシ
k カラン・シシアン
l マタ・アイル・スダマラ
i プンジェランカブ墓地
（厄災をもたらした人の墓）
ii ストラ・アリ・アリ
（胎盤を治める墓地）
iii 大墓地
iv 子ども墓地

図２ バユン・グデの集住地全体図

ひろばには、二種類の施設をのぞき、村のすべての施設が集まっている。

その中核に、村の起源の寺院《プラ・プセ》（図2の2、以下同）と一体になった、村を守護するバレ・アグン寺院（1）の大きな敷地が、村の儀礼などのさいに調理のために使われる村の調理場《ダプール・デサ》をともなって、とられている。その前には、木の太鼓《クルクル》がぶら下がった高楼《バレ・クルクル》（c）がある。木の太鼓が六本もあるが、それぞれ用途が決まっている。村の普通会員の招集、自警団の招集と警報、ガムラン集団スカー・ゴンの招集、普通会員の妻への互助会の招集、満月の集会の招集、バロンを扱うスカー・アルジャという集団の招集である。

その西側に、村の人びとがご神体として崇めるバロン像とランダ像を保管する寺院（4）、ふるい寺院で境内の中にふるい石像が奉られているイブ寺院（6）、ふたつの母系信徒集団《プマクサン》の寺院（3、5）がある。

ひろばの東には、もうひとつの母系信徒集団の寺院（7）がある。さらに、ひろばから東にのびる道を下り、小さな丘を登ったところにプセ・ピンギッ寺院（8）がある。この寺院は村の起源の寺院とおなじくらいふるい歴史があるという。寺院の門前には、ラトゥ・パセックという小さな寺院が、西の方向を奉じる形で建っている。パセックとはジャワのマジャパヒト王国が派遣した軍人の末裔と考えられている一族で、この寺院は、パセック族の親族集団《ダディア》が所有し、ジャワの方向を崇めている。

南側には、村役場（a）、村落銀行（e）、多目的ホール《バレ・マシャラカツ》（b）などがある。多目的ホールはＰＰＫ《ペーペーカー》というバンリ県主導による婦人教育のプログラムなどのような近代的な活動に用いられる。いわゆる村の集会所《バレ・バンジャール》はない。また、ひろばの一角で市が開かれる。

このひろばから、集住地の家並みが一望できる。だから、集住地のなかでなかなかの場所につくられていることになるのだが、ひろばの諸施設自体には特に変わったものはないようである。

他村を儀礼でもてなす

そのなかでバレ・アグン寺院がひときわ大きく、これがひろばの中核をなす施設であることがわかる。このバレ・アグン寺院とは、いったい、何なのだろうか。

そのことが明らかになったのは、この寺院を会場にした儀礼ウサバ・グデに出合ったときである。村の住民に交じって、

16 時 45 分、ガムランが演奏されるなか、お祈りが始まる

9 時、長老らが儀礼の打ち合わせをする

17 時、村人が集まるなか、奉納会が始まる。戦士の踊りバリスがその中心をなす

写真 5　バレ・アグン寺院でおこなわれる儀礼ウサバ・グデ

その準備から本番終了までの一部始終を体験し、記録することができた。

この儀礼に、ススッとプクー、カトゥンの村から人が来ている。かれらは、ニワトリや菓子などのお供え物を持参し、バレ・アグン寺院でのお祈りに参加してから、食事のもてなしを受ける。かつて王の布告が記された碑文は神々への賞賛が朗詠されるなかで村に渡された。それにしたがわない者への呪いの言葉も同時に発せられた。この祈りには、それはないだろうか。この寺院の入り口には、タロで見たあの小さな橋ティティゴンガン（4章参照）が架けられている。

そののち、寺院でおこなわれる奉納芸を一緒に観覧する。奉納芸は、未婚女子の儀礼集団《ダハ・アダット》による踊りルジャンにはじまり、戦士の踊りバリス、最後にバロンの踊りがおこなわれる。ルジャンは比較的新しくおこなわれるようになった奉納芸だという。儀礼の後半になると、何種類ものバリスが踊られる。奉納舞踊の中心にバリスがある。舞台は寺院内の広々としたオープンスペースだ。これを見ていると、バリスは戦闘の陣形ではないかと思ったりする（写真5）。

ここで注目されるのは、他村の人が来ていることだ。村の儀礼に他村の人が参加するとは、どういうことなのだろうか。

聞くと、バユン・グデとある種の村々の間には、儀礼がおこなわれるときに人の往来があるのだという。今回は三か村であったが、スカワナ、プンゴタン、トルニャン、キンタマーニなど二六の村々と往来がある。すごい数である。

とすると、バレ・アグン寺院は、ひとつには、他村をもてなすためにもうけられた、と考えてよかろう。つまり、この寺院を含むひろばは、儀礼のときにやってくる他村を統合するような地位にバユン・グデがあることを示しているのではないか、ということである。これが、バユン・グデすなわち「大きな力」なのではないか。

さらに想像をたくましくすれば、この一帯は、もともとは何もないひろばであったのかもしれない。あるのは、バレ・アグン寺院の奥にある村の起源の寺院などにみる石座《アンダラン》（写真6）だけであったかもしれない。神々はこの石座に降臨し、座すると信じられている。石座はひょっとすると採鉱の名残かもしれない。かつて集住地が柵で囲われていたのは、それゆえか。それはともかくとして、そこに、ある種の村々から人びとが集まってきて、儀礼を前にして交歓していたのではないか。

その一方で、このひろばは、外からやってくると、真っ先に足を踏み入れることになる場所にある。入ってきた私たちはまったくの無防備だが、村の住民は誰がやってきたか、しかと見張っているにちがいない。そこに他村を招き入れて、儀礼を開催するのである。

古代王朝の王宮がどのようなものであったか、まったくわかっていないが、このような場が次第にととのえられて、王宮になったのかもしれない。ウブドゥで見たクロスポイントがもともとひとつのオープンスペースであった（1章参照）とすれば、それとこの場との近さを感じる。

こうした儀礼を、四七五家長からなる村の住民が総がかりで支える。かれらは、儀礼のなかで、調理をおこなう係、ゴンの演奏グループ、バリスを踊るグループ（五つある）、アルジャという演劇のグループ、村の警備係、サンティという歌詠みのグループのいずれかに入らないといけない。未婚男女は、スカー・トゥルナ・トゥルニという組織に入る。儀礼のときには、それぞれの役割ごとに服装の色が統一されているので、誰がさぼっているのかすぐにわかる。村の全員が何らかの形で儀礼を支え、そして参加するのである。

長老会が村を管理する

では、通常の村の運営は、どうしているのだろうか。

サンカッパン・ティルムとよばれる満月の日の集会が、南のはずれにあるプランプアン寺院（図1の9）でおこなわれた。死者の寺院《プラ・ダレム》は別として、唯一ひろばに位置しない施設である。林の中、吹き放ちのバレ・ランタンという長細い建物といくつかの祠からなるこの寺院は、村の起源の寺院、プセ・ピンギッ寺院と並ぶふるい寺院であるという。

寺院の中にも、あちらこちらに大きな石が置かれ、その上にお供え物が置かれている。長細い建物のすぐそばにも石があるので、それに触れそうになると、「触らないように、気をつけて」と注意される。それは、アンダランとよばれる神座である。神は複数おり、降臨したときに、それらの石の上に座られると信じられているのだ。

写真6　バユン・グデの村の起源の寺院。なかには石座アンダランが置かれている

写真7　プランプアン寺院でおこなわれる満月の日の集会

長老会の一六人が正装して集まり、長細い建物に順に座る。山側からみて右手の一番手前にＮｏ１、左手の一番手前にＮｏ２、右手山側から二人目がＮｏ３、左手山側から二人目がＮｏ４、という順番で、これは決まっている。上座はウル、下座はブテンとよばれ、右と左を意識した二列の序列である。Ｎｏ１からＮｏ４は、長老会のなかでもこうした集会を取り仕切る役割を担っている。

集会では、マランとよばれるご飯と肉の乗ったバナナの葉が前に配られ、長老会の人たちはお祈りを済ませたあと、ナオンの水といわれるジャカの木（ヤシの一種）から採ったアルコール分のないトゥアックを飲んでから、マランを形式的に少し食べる。集会は、何かを話し合うというよりも、きわめて形式的な集まりのようである（写真7）。メンバーのひとりがナオンの水とマランをすすめてくれた。ナオンの水をバナナの葉についでもらって、それに口をつけないようにのどに流し込む。トゥアックを煎じたものに水を加えてつくるそうだ。飴色のそれは少し香ばしいようなココナッツ・シロップといった味である。肉は牛肉で、米は陸稲を蒸したものだ。冷めているが、美味しい。最後に、ここにいない普通会員分のマランを分配し、もって帰って隣近所の住民に分ける。

儀礼ネットワークという領域

儀礼にやってくる村々とのネットワークは、バヌアとよばれる。バヌアにはいくつものものがあり、ひとつの村が複数のバヌアに属するというように、錯綜してもいる。さきに村名を例示したバユン・グデを中心とする二七か村からなるバヌアはそのひとつである。このバヌアを直接的に構成するのは、バユン・グデ、プンリプラン、ティガ・カワン、スカルダディの四か村で、頻繁に儀礼の交流がおこなわれている。そのほかの村は拡大バヌアと位置づけられている。副次的な儀礼ネットワークである。これらの儀礼ネットワークの契機をみてみよう（図3）。

直接的な儀礼ネットワークを形成する三か村は、バユン・グデの出作り居住地が発達した村である。本村と分村の関係である。

副次的な儀礼ネットワークのなかで、これにやや近いものが、バユン・グデの空閑地によそから移住して村になったケースで、カユビイから入植したカトゥン、アブアンである。バユン・グデの出作り地が発展して形成されたボンヨーのように、いつの間にかよその居住者が住み着くようになった村もある。また、土地を分割したことから交流が始まったものもある。キンタマーニである。プルドゥがある勢力によって滅ぼされたあとバユン・グデとキンタマーニがその土地を分割しあったことから、交流が続いている。そのほかに、村の神同士の姻戚関係にもとづくものがある。ブランガ、ブアハンがそれにあたる。祀る神がおなじということは、本村に対する新村にあたることを意味する。

こうした土地の関わりがネットワークをもたらしたことは、容易に理解できよう。

慣習がおなじといったことから交流がもたらされたものもある。プンゴタン、パパダン、ススッである。ある勢力の侵攻で、バユン・グデからススッに逃げ出したという。

さらに、近くにあるバトゥール湖の村ネットワークとバユン・グデが関係していたことから交流するケースがある。クディサン、トルニャン、バトゥールである。スカワナは別のバヌアの中心であるが、聖なるサトウヤシの葉で屋根を葺き

図３　バユン・グデの儀礼ネットワーク

替えるにあたり、スカワナに聖水をもらいに行くことから生じた交流である。

このようにして儀礼ネットワークが構築されているのだが、それはどういうことなのだろうか。

防御ということがそのひとつの理由に考えられよう。村間の争いもけっこうあったであろうことは十分に想像できるから、儀礼ネットワークはたんなる儀礼の交流ではなかろう。

東部丘陵にあるいくつかの村では、共食会《ムギブン》がおこなわれる。それは村の中の調和を保つための仕組みであるが、ここでは儀礼のもてなしがよその村の人にたいしておこなわれる。ということは、村そのものは長老会によって調和を保てる社会を維持しながら、外にたいする緊張感を、儀礼をふるまうことで結束に変えようとしているようにみえるのだ。そこでおこなわれるおもな奉納芸はバリスである。男性が槍をもって踊るこの勇ましい戦士の踊りは、その一方で、バユン・グデの「大きな力」をよその村の人びとに知らしめるといった意味があったのではないだろうか。その結果生まれるのは、従属ということではなく、尊敬ということではなかったか。

水田がなく、食物の確保が天候によって大きく左右されるような山地では、物の不足は頻繁に起こっただろう。だから、山地の村の間には、つねに緊張関係があって、ときには戦争もおこなわれたかもしれない。その一方で、村間でこの緊張関係を調整する努力も払われたのだろう。それが、共食ならぬ、共礼である。政治的、経済的なネットワークであれば、それがいつまでも続くという保証はない。しかし、儀礼であれば、俗界のことを超えたところで結束する同盟となりうる。それは、王国といった領域にも容易になる。それがいま、村をもてなす儀礼として繰り広げられている

山中にひそやかに暮らすようにみえる山地のバユン・グデは、孤立しているように見えて、じつは広域に儀礼のネットワークを張って生きている。

それはまた、かつてこの地域にリーダーが生まれ、それがやがて王になり、王国になっていった様子をいまに伝えてくれるのではないか。そのとき、ふるくからインドの船が行き交ったバリ島に伝えられた、強大なインドやインド化したインドネシアの王たちの政治システムに、かれらがイマジネーションを輝かせた光景が、浮かんでくるようである。

（大谷聡）

第8章 海を見て「家族の道」に集う
チュンパガ、シデタパ、プデワ——よりふるい北部の丘陵

いにしえの東西交易の地

チュンパガ、シデタパ、プデワは、東西海上交易の地として歴史のなかに早くから開かれたバリ島北部に位置する。そのうねりのなかから九世紀末にあらわれた最初期のシンガマンダワ王国は、北東岸のジュラーやそこから少し内陸に入った丘陵に開かれたスンビランと深くかかわった。いずれも、王国の成立以前からある村だ。ジュラーにはふるくから交易の港があった。スンビランではかなり最近まで風葬がおこなわれていたから、そのふるさがわかる。

島の北部で村が比較的多くみられるところが、現在のブレレン県の県都シンガラジャやその西にあるふるい市場町のスリリトからタンブリンガン湖などの三湖からなるバトゥカウ山地域に至る丘陵である。山からのアプローチは限られ、海からアクセスする村が多い。

そこに、チュンパガ、シデタパ、プデワのふるい集住地が尾根に張りつくようにしてつくられている。特にシデタパは、これより先に山はないという、海でいえば岬のようなところにある。

北部は、南部とは大きく異なる。前面に広がるバリ海は波穏やかだが、平野は沿岸部のごくわずかにしかない。残るは、海と山だけだ。山々は屏風のように険しく立ち上がっている。反対に、山からバリ海のほうを眺めると、うっそうとした木々がびっしりと山肌を覆っているのが見えるばかりだ。活用されている雰囲気はない。

ところが、よく見ると、山の傾斜地には細かい段差がつけられていて、そこに木々が立っている（写真1）。ココナッ

写真１　切り開かれたばかりの山肌

ツやバナナの木、カカオ、コーヒーの木もあるが、どうやらチュンゲーの木が圧倒的に多いようだ。あらためて地形図を見ると、やはりこのあたり一帯に「チュンゲー」とそのスペルが書き込まれている。島の北部全体がそうだというほどに、この栽培が大々的におこなわれている。チュンゲーがかれらの生活の糧、この地域の主産業で、今も昔も変わらぬ交易品なのだろう。

　チュンゲーとは丁子《ちょうじ》、丁香《ちょうこう》のことだ。英語名はクローヴである。インドネシアのモルッカ諸島が原産地である。インドの古代叙事詩『ラーマーヤナ』に医術の処方として登場するが、それがもっともふるい記録である。インドの船によってインドや地中海に運ばれ、各国で香辛料はもちろんのこと、生薬、殺菌剤、鎮痛剤として珍重されてきた。船乗りはこの木が生息している島をその匂いから嗅ぎとることができたといわれ、百里香という異名をもつ。バリ島はその交易ルート上にあった。

　このような広範囲にわたる交易ネットワークに組み込まれたバリ島に島外のさまざまなもの——人、モノ、情報——が入ってきたことは、想像にかたくない。

ルーツは多様

　チュンパガの集住地は、標高六〇〇メートルほどの小さな台地上に開かれている（図1）。山から尾根道を下ってくると、すぐ左手に小さな市場《パサール》がある。そのすぐ背後の小高い丘に村の寺院《プラ・デサ》がある。寺院の足元で市場が開かれているといえば、ぴったりする。集住地も、この村の寺院の足元に開かれている。木々が邪魔をしているが、ここから海が望めるはずだ。住むにいいところだと思う。

　チュンパガの僧侶で長老の話では、チュンパガとは、チャンパのアガ、すなわちチャンパから来た人ということに由来

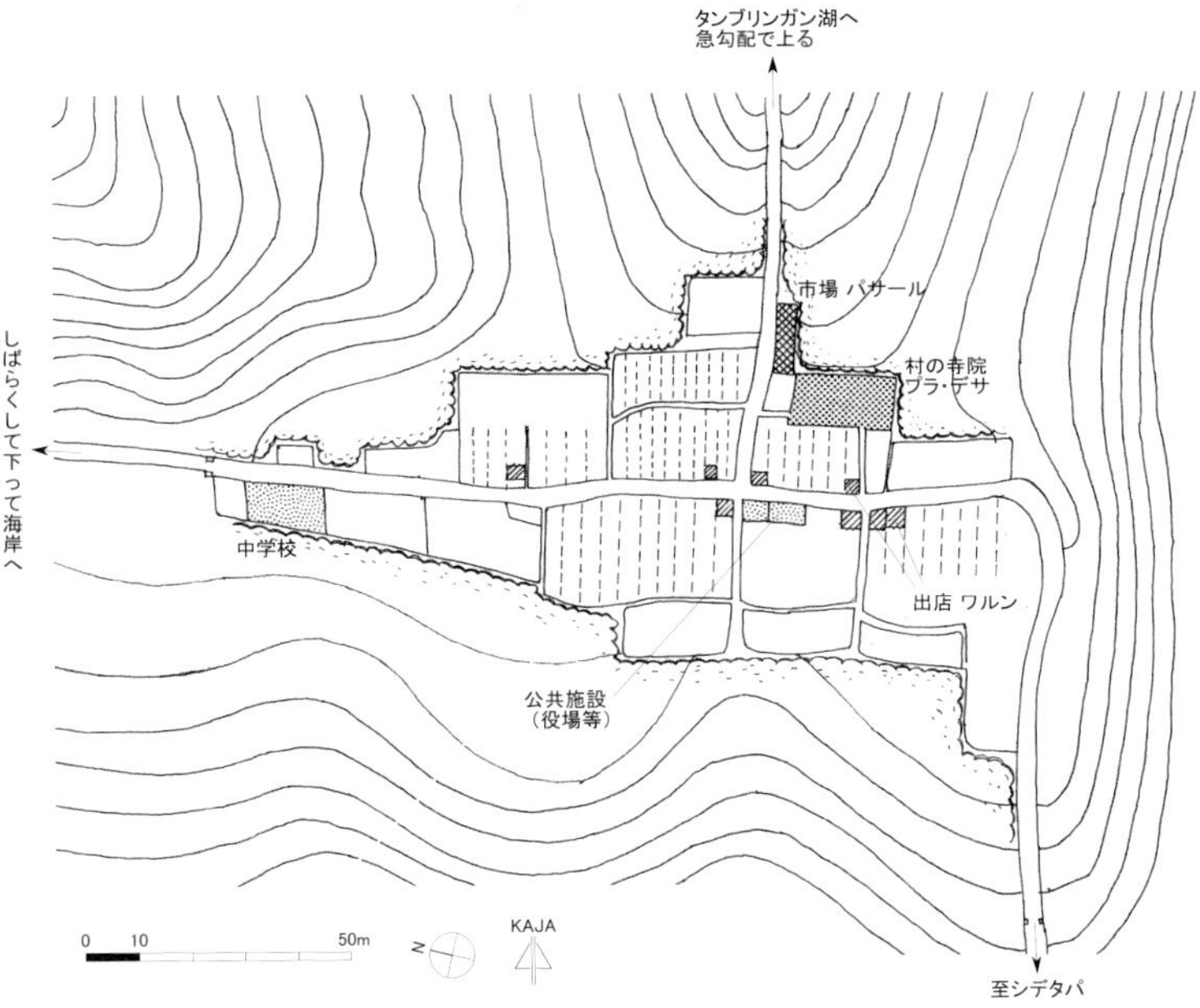

図1　チュンパガの集住地全体図

していると言い伝えられているという。チャンパとは、二世紀末から一九世紀前半にかけてヴェトナムの中部から南部に存在した、東南アジアの海上交易をになったチャンパ王国のことである。

また、東部のカランガッスムあたりと関わりのある人びとによって村は興されたともいう。じっさい、この村のバリ語の方言には東部丘陵のティンブラー（3章参照）のそれと共通するところがたくさんある。信仰についても、たとえばいずれの寺院もバタラ・グデを最高神とし、火葬はおこなわないなど、地理的にまったく離れているふたつの村に似通ったところがとても多いのだ。それを知って、すごくびっくりした。おなじ東部丘陵のトゥンガナンの起源譚に、北に向かった王国のブラタン一族がシンガラジャ地域にとどまり、ブラタン村を開いたとあるが（2章参照）、そのことと関係があるかもしれない。

察するに、島の内外、いろいろなところからここにやってきたということであろう。ルーツは多様だ。そのかれらが集まって住むのである。

この集住の仕方が興味深い。台地といっても全体に傾斜している。その傾斜地に横長の段差をつけて居住用地をつくり出しているのだが、路地などに囲まれた一画をひとつの居住区として取り出せば、台地につけた段差ごとにひとつの居住区がもうけられていることがわかる。とすれば、もともとはひとつひとつの居住区が独立した存在であったのではないか。

現在、チュンパガは四つのテンペックに分かれているが、それを地図上で分けることができないほどに入り乱れている、とかれらはいう。このテンペックは親から子へと引き継がれていくともいう。察するに、テンペックとは親族あるいは一族の集団の土地屋敷のことであろう。それらが分散してしまっているということは、かつてはおなじ神を奉じるなどして一か所に集まって住んでいたのだろう。それが段差ごとの居住区ではなかろうか。そう考えてあらためて居住区をみると、たしかに、もともとはひとつの親族とか一族が住んでいたのではないかと思われる痕跡が色濃くみられる。

段差ごとに集まって住む

そのひとつ、市場前の居住区は、もっとも高い段差上にある。この居住区のもっとも高い側面は山で、他は路地や道で区切られている（図2）。この中に、もともとは、スクロラスとよばれる慣習家屋《ルマ・アダット》が一〇棟あった。

ひとつの慣習家屋の敷地はかなり細長い。その敷地の最奥に家族の祠《サンガ》の区画が大きくとられ、それに背を向けて慣習家屋、その前に中庭空地《ナターー》がとられている。中庭空地をはさんでそれに対峙するように、建物が建てられていることが多いが、そこはもともと儀礼のためのスペースで、そこに建てられる建物は一二本柱に屋根をかけたものと決まっており、バレ・グデとよんでいた。バレ・グデは、調べ回ったが、もう残っていないようで、いまは、日常生活用の建物スペースになっているケースがほとんどである。儀礼時には、空いている場合は、そこにアサガンとよばれる仮設の建物を建てておこなう。バレ・グデの前、路地に面して、収穫時の儀礼の場である四本柱あるいは六本柱の米倉《ジネン》があったが、いまは八棟ほどしか確認できない。この三棟が敷地構成の原型のようだ（図3）。それにしても、慣習家屋の背後に隠すようにしてつくられている家族の祠は、不思議だ。もともと家族の祠などなかったのではなかろうか。

慣習家屋は、一二本の木の柱が寄棟屋根を支え、それに土壁などをめぐらし、中庭空地側に庇をつけてテラスにし、そこから出入りするようにしたものである（写真2）。内部は、手前を台所と食事スペース、奥を儀礼用と就寝用のふたつの

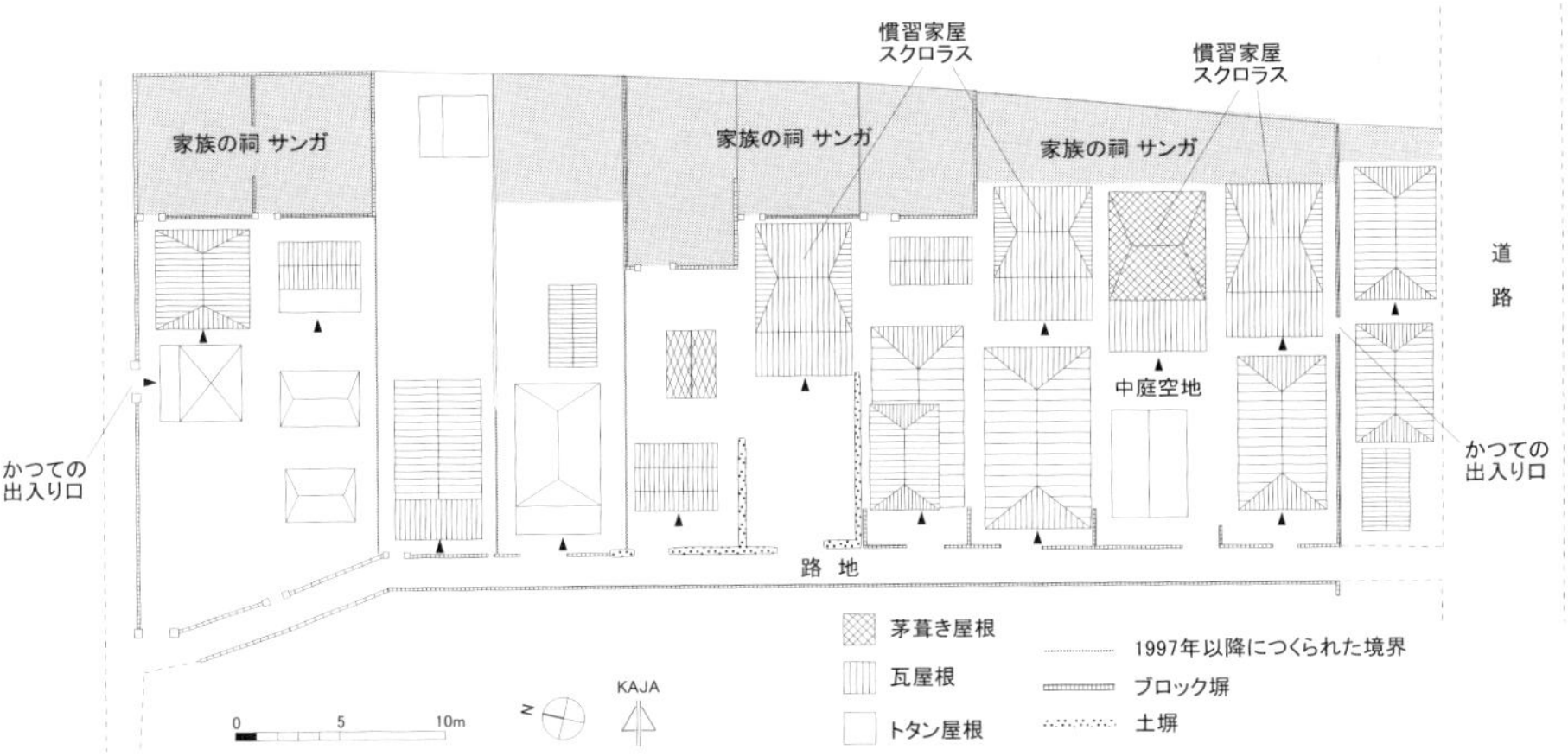

図２　チュンパガの市場前の居住区

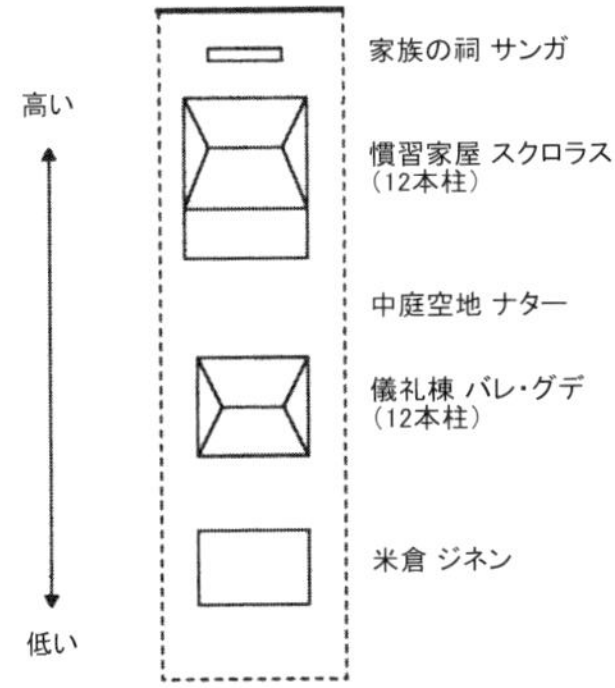

図３　チュンパガの敷地構成の原型

写真２　チュンパガの慣習家屋スクロラス（奥）と中庭空地ナター（手前）。少し前まで茅葺き屋根だった

寝台スペース、最奥を神だなにするという構成になっている（図４）。住生活のほぼすべてをこれ一棟で済ますことができる住居である。もう使われていないものも多いようだが、取り壊すことなくそのまま残されていたりするから、人びとの慣習家屋に対する思いが伝わってくる。建物自体をモダンにしても、内の空間構成はさほど変わらないような改築も多い。

この居住区の中で道にもっとも近い三つの慣習家屋は親族関係にあるもので、三棟ともしっかりと残されている。その奥の三つも親族で占められていたようであるが、いまはばらばらで、建物自体はかなり改変がすすんでいる。最奥のふた

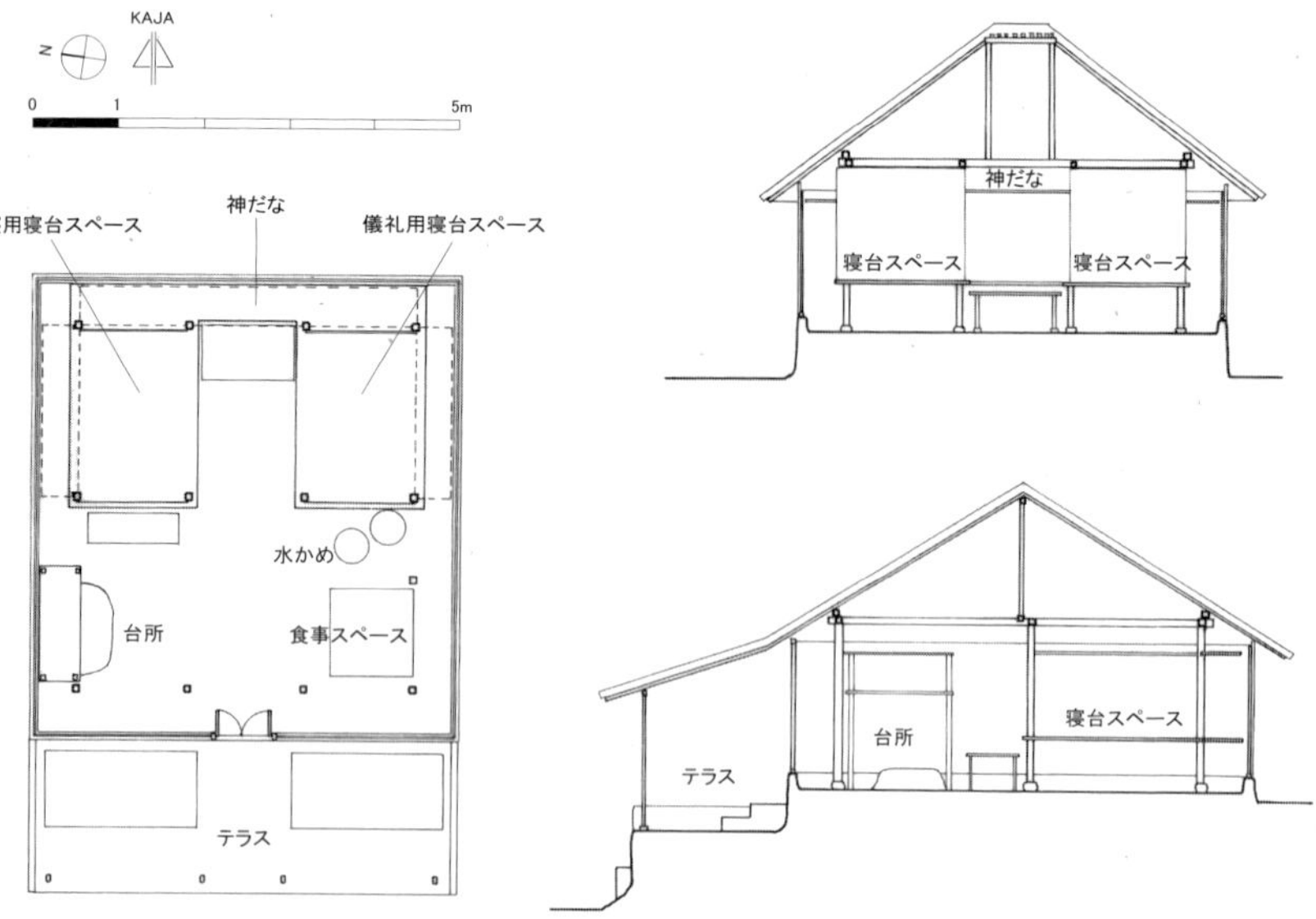

図４　チュンパガの慣習家屋スクロラス

つにはおばあさんがひとり住んでいる。

一九九七年の時点では、敷地を仕切るものはほとんどなく、中庭空地をたどっていけば、居住区内の移動は自由にできた。居住区の両端は、すでに使われてはいなかったが、出入りできるように空けられていたから、もともとは中庭空地を通路として使い、この端っこが出入り口であったと考えるのがしぜんだ。居住区右端の家屋は敷地をまったく囲っていないが、ちょうどこのように、現在の出入り口にみられる塀や門などかつてはなかったというから、中庭空地が居住区内の行き来に使われていたと考えてまちがいない。

この中庭空地をたどって外に出れば、その先、少し小高くなったところに建てられた村の寺院がある。昔から村の寺院があったかわからないが、各居住区は村の寺院の方向に向かうようになっているようである。村の寺院の空間構成は、中央の空地を囲むようにして、成人男女それぞれの集会所《バレ・アグン》、若者の集会所《バレ・トゥルナ》、楽器演奏場《バレ・ゴン》（楽器はガンバン）、調理場《ダプール》、新しいものだが供物の記録所があり、空地の正面に聖域がもうけられている。塔《メル》はない。いたってシンプルな構成の寺院である。もともとは小高い丘のままではなかったかと思われる。

このような居住区だが、中庭空地をつぶして新しい建物が建てられていることからも予想できるように、居住区内を塀で仕切ることが進行しつつある。それもけっこう高い塀で仕切る例が多くみられる。仕切られていなくとも、他人同士が住んでいるところも混じっている。こうした居住の個別化を可能にさせるのが、路地の存在である。路地がもとからあったのか、ある時点で路地がつくられたのか不明だが、路地の存在が個別化を容易にしていることはまちがいない。東部丘陵のティンブラーの住居列（3章を参照）も、当初はこの居住区のようなものでなかったかと思ったりする。

それにしても、この路地型居住区はもともと親族や一族のものであったようだが、その確たる証拠がないものか。

道に背を向けた住居群

チュンパガを出て、尾根道を下っていくと、すぐに両側に家々が建ち並ぶようになる。山頂からチュンパガまでにそうした家並みが続くようなところはなかった。そんな家並みの中を通っていくと、やがて右手にかなり高い石積みがあらわれる。シデタパの寺院である。そこから先に、シデタパの集住地が続いているのが、目に入った。

その異様なたたずまいに思わず息をのんだ。

馬の背のような狭い尾根道に沿って茶色に錆びたトタン屋根をかぶった家々が建ち並んでいるのだが、それらが開口部のない土壁でしっかりと囲われ、しかもことごとく道に背を向け、軒を接するくらいにすきまなく連なっているからだ。しっかりと防御を固めた要塞のようである。しかも、家々の敷地より道路面のほうがかなり高いため、道からは、家々の屋根と少しばかりの土壁が見えるだけである。隠れ住んでいるかのようである（写真3、4）。

道の向こうにはバリ海が広く見える。海はすぐ先にある。標高四五〇メートルほど。山の端っこのようなところにしが

写真3　村の寺院プラ・デサからみたシデタパの集住地

写真4　道からは建物の屋根と壁だけが見える住居が多い

みついて住み着いている。海のほうから来たのかもしれない。とすると、ここは、海の見張り役の村であったのだろうか。あるいは、海の仕事にたずさわっていたが、海賊の襲撃などがあるので、海岸から少し離れたところに住んだのだろうか。じっさい、さきのジュラーは、サカ暦九三八年（一〇一六）に王がスンビランにたいして発行した碑文に、ふたたび海賊によって破壊され、多くの人が亡くなり、生存者たちは他の村に逃げ、三〇〇家族がわずか五〇家族になった、と記されている。

家々の向こう側はどのようになっているのだろう。空地になっているのだろうか。それとも、家々が並んでいるだけなのだろうか。家々のすきまからは空地らしきものが見える。その奥に別の建物も見える。外からは見えないのだから、内側に入れてもらわねば、これ以上はわからない。

どこから家に入るのだろうと、家々を観察する。道に面したところには入り口はない。そもそも住居は道よりも下に建っているから、道から入れるわけがない。しかし、よく見ると、住居と住居の間に下におりる階段が切ってあったりする（写真5）。ここから入るのだろうか。見ていると、たしかにそこを人が出入りしている。それにしても、住居と住居の間は肩をすぼめないと通れないほどしかないから、そんなところから出入りするとは尋常ではない。住居の土の土台の下部は苔むしている。雨が降って、道路から流れ出た雨水がここを流れ下った跡だ。

そんな私たちを見つけて、道の下、住居を取り壊したあとの空地にチュンゲーを干しているおばさんが、こちらにおいでと手招きしている。なぜだかわからないが、渡りに船だ。足を滑らせないように気をつけながら石を適当に敷いた階段を下りて、住居の向こう側に行く。

道と反対側は住居のテラスになっていて、その前がちょっとした空地になっている。ちょうど建物がひとつ建てられそうだ。聞くと、この部分は空地にしておいて、儀礼時に仮設小屋を建てるのが正式だそうだ。ここを歩き回ったあとでわかったことだが、そこに建物が建てられているケースもけっこう多い。建物が常設されているのは、もう仮設小屋を建てて儀礼をしなくなったということなのだろうか。常設した建物を人びとはバレ・グデとよんでおり、造りは道側の建物とおなじだが、見るからに簡単につくられているものが多い。用途も物置だったりする。そのさらに奥に高床の米倉《ジネン》が建てられるということだが、調べ回ったところわずか一棟しかみられなかった。その奥はかなりの傾斜地になって谷に落ち込んでいる。家族の祠は見当たらない。

空地に面したテラスには薄く割いた赤や緑に着色された竹紐が干してあり、編みかけの竹かごがおいてある。つくり上げたかごが積み上げられている。バリ島でよく見かけるかごだ。ここのおばあさんがつくっているのだという。どうやらこのテラスが日常生活の場になっているようである（写真6）。テラスの奥の壁に板戸が取りつけられている。ここが入り口になっている。家の中に入らせてもらう。

傾斜地に建てられているから、土の基壇をつくって平らな

写真5　道に背を向けた住居と住居の間のすきまから出入りする

写真6　住居は道の反対側に大きく開かれている

人工大地をつくり、外－テラス－住居と順に高くして、その上に建てられている。高さ一メートルほどもあろうかという基壇だから、かなりきつい階段を数段上らねば、内に入れない。例によって中は真っ暗だ。ろうそくの明かりがわずかに照らしてくれるが、目が暗さに慣れてもなかなか見えない。ドアから入る明かりでやっと見えてきた。住居の中もおなじように奥にいくほど高くなっていて、手前は土間の台所ゾーン、その奥は板床の上に高床の寝台ゾーン、さらにその奥は神だなゾーンとなっている。高窓が台所ゾーンの両側にとられている。台所ゾーンの一部には天井が張られ、作物の保存スペースとなっている。

台所ゾーンは、内に向かって左手にかまどや水かめ、右手に食事スペースがもうけられ、両者の真ん中は通路の役割を果たしている。板床の寝台ゾーンは、左手に儀礼用の寝台、右手に就寝用の寝台がもうけられている。両者の真ん中は寝台より少し低い板床になっていて、そこから両寝台に行くようになっている。神だなゾーンは道側の壁に取りつけられていて、真ん中に壁上部を最上段にして三段の神だな、儀礼用寝台スペースの壁上部にも神だながある。それぞれ祀ってある神が異なっているという。

図5　シデタパの慣習家屋ガジャ・マキブ

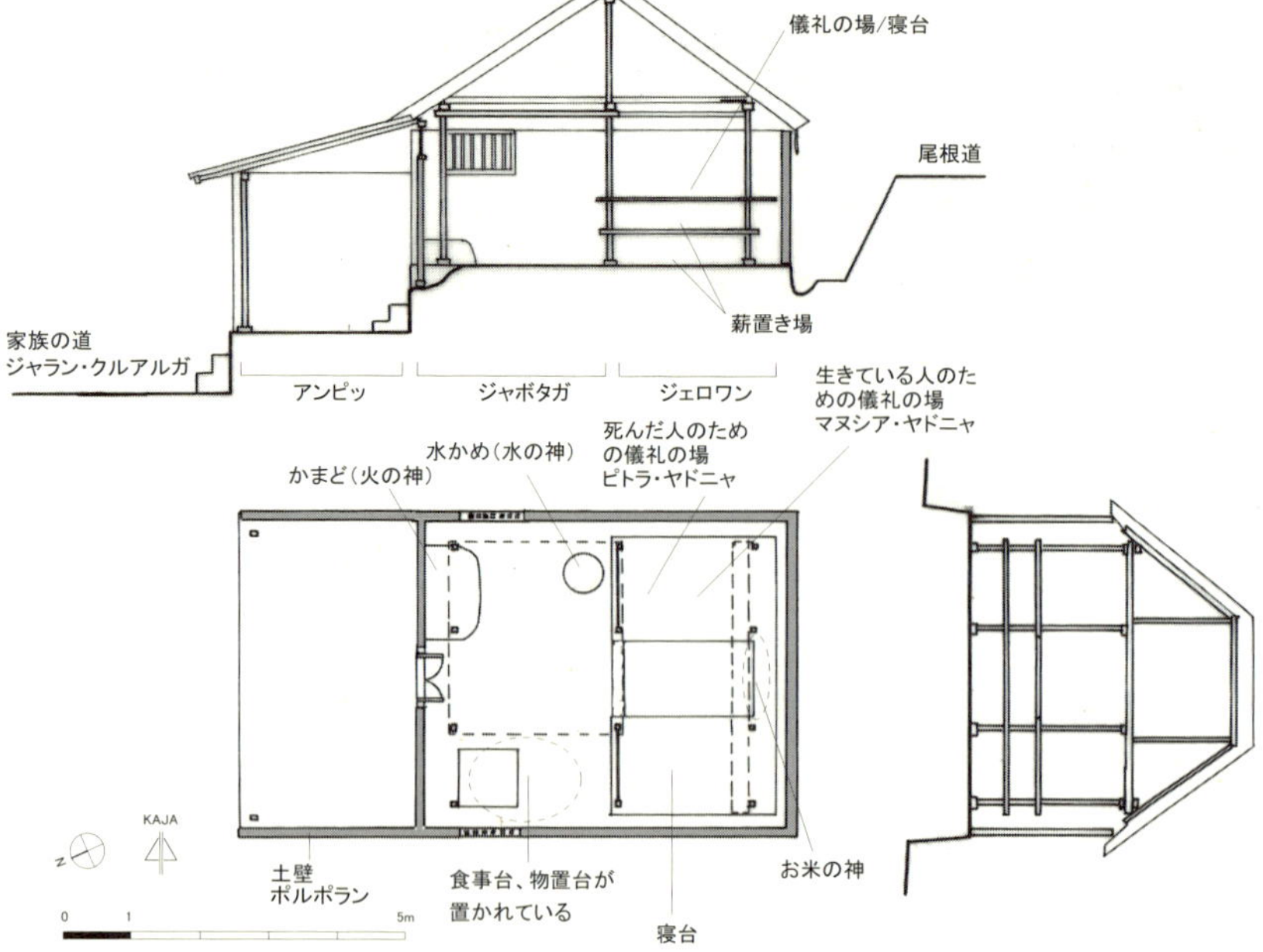

屋根は一二本の木の柱で支えられていて、土壁は周囲に積み上げるだけで、寄棟屋根を支えていない。それだから、ふるい家では竹の網代壁であったり、コンクリートブロック壁に変えられていたりする。間口四・五メートル、奥行き五・五メートルほどだから、見た目以上に大きい。その前に二・五メートルほどの庇形式のテラスがついている。この慣習家屋はガジャ・マキブとよばれている（図5）。

「家族の道」

ガジャ・マキブという慣習家屋、空地あるいはバレ・グデ、これに米倉が取りつくこともあったようだが、どうやらこれがシデタパの住居の原型とみてよい。道側は慣習家屋の壁によって、反対側は谷に落ち込む傾斜地によって区切られているが、住居と住居の間には区切るものは何もない。

すると、家の前の空地もつながらないか。そう思って、集住地中心部のプランをとってみた（図6）。いまは完全につながっているわけではないが、もともとはつながっていたと考えてもよいようである。

そこで、この空地の名称を聞いてみた。ここはジャラン・クルアルガだという。「家族の道」ということだ（写真7）。

これは興味深い。

「家族の道」というからには、もともとは親族か一族がここに集住していたのだろう。そして、家々の往来はこの「家族の道」でおこなわれていたのではないか。そう考えれば、道に背を向けていることの説明がつく。道は日常生活の場ではないのである。それに、道に壁を配するほうが外敵に対してもはるかに安全でもある。じっさい、道に面した神だなのあたりに小窓がとられている家もある。外つまり道の様子をうかがうのにもってこいである。ところが、次第にこうした居住方式が崩れ、それにともなって新たな出入り口が必要になったが、それが建物と建物のすきまで代用されてきたのではなかろうか。とすると、道に背を向けている家々が道に向くのも時間の問題かもしれない。

すきまを通って道に出る。道との高さの差はけっこうある。ゆるやかな坂になった道の上のほうをみると村の寺院が目に入る。少し小高い丘の上にあるのがよくわかる。家々は尾根道より下にあるのだが、村の寺院だけは尾根道より上にある。その向こうに、少しかすんではいるが、山が二、三峰見える。とてもシンボリックだ。いまは石垣が積んであるが、かつては丘のままではなかったかと思う。

写真７　シデタパの家族の道ジャラン・クルアルガ

図６　シデタパの集住地中心部

けっこう高い階段を上って寺院に入る。内はふたつに分かれていて、手前のゾーンには左右に配置された長細い建物、空地、調理場、木の太鼓《クルクル》があり、その奥を区切って聖域がもうけられている。ワリギンの木もある。塔《メル》はない。ここから海がよく見える。村の寺院に上る階段の前はちょっとした空地になっていて、市が開かれている。「家族の道」がつながっているのであれば、必然的にここにたどり着く。こうした「家族の道」が道の両側に五つほどあるのだが、すべて村の寺院のあるところに行き着く。シデタパの人びとは、尾根道ではなく、村の寺院があるこの小高い丘をよりどころにして、「家族の道」を軸に集まって住んでいるといってよい。

集住の古形がよみがえる

シデタパから山のほうに戻り、チュンパガを少し越えたあたりから右に入り、谷をひとつ南に越えたところにあるプデワの地形は、チュンパガによく似ている。その集住の仕方も、段差ごとにひとつの居住区をつくること、それらが村の寺院に向いていることなど、共通点が多い。居住の個別化はかなりすすんでいる。ただ、家族の祠の区画が敷地最奥に小さくとられ、祠自体も竹でつくられるものが多いなど、家族の祠に重きをおいていないようにもみえる。その一方で、路地や道に面して米倉がいまも連なっていたりして、ここでは米倉があることが一般的であったことをうかがわせる。また綿糸づくりがごくわずかだがおこなわれている。かつては綿糸づくりが多かったという。

ここから北東に三キロメートルほど山のほうに入ったところに、プデワ分村と名づけた、新しく切り開いた居住地がある（図7）。チュンパガ、シデタパに至る道から張り出した小さな尾根のようなところに位置する。何度もここを通っているのに、まったく気づかなかった。道から見るかぎりは、一軒の出作り小屋くらいにしか見えないのだ。

この道の北側の高台には分村の規模からすると少々不釣り合いな立派な寺院があり、道の南側の小さな尾根に住居が並んでいる。住居部分の土地は、棚状にひとつひとつ造成されたのであろう。道路と平行に細長い土地が連続し、南に向かって土地は階段状に低くなり、その幅は小さくなっている。この細長い土地ごとに一軒ないしは数軒の主屋《ルマ》がある。建物がなく基壇の痕跡のみが残るところもあるが、基本的に主屋が建つ敷地をひとつの単位として高いところから低いところへと敷地が並列する。

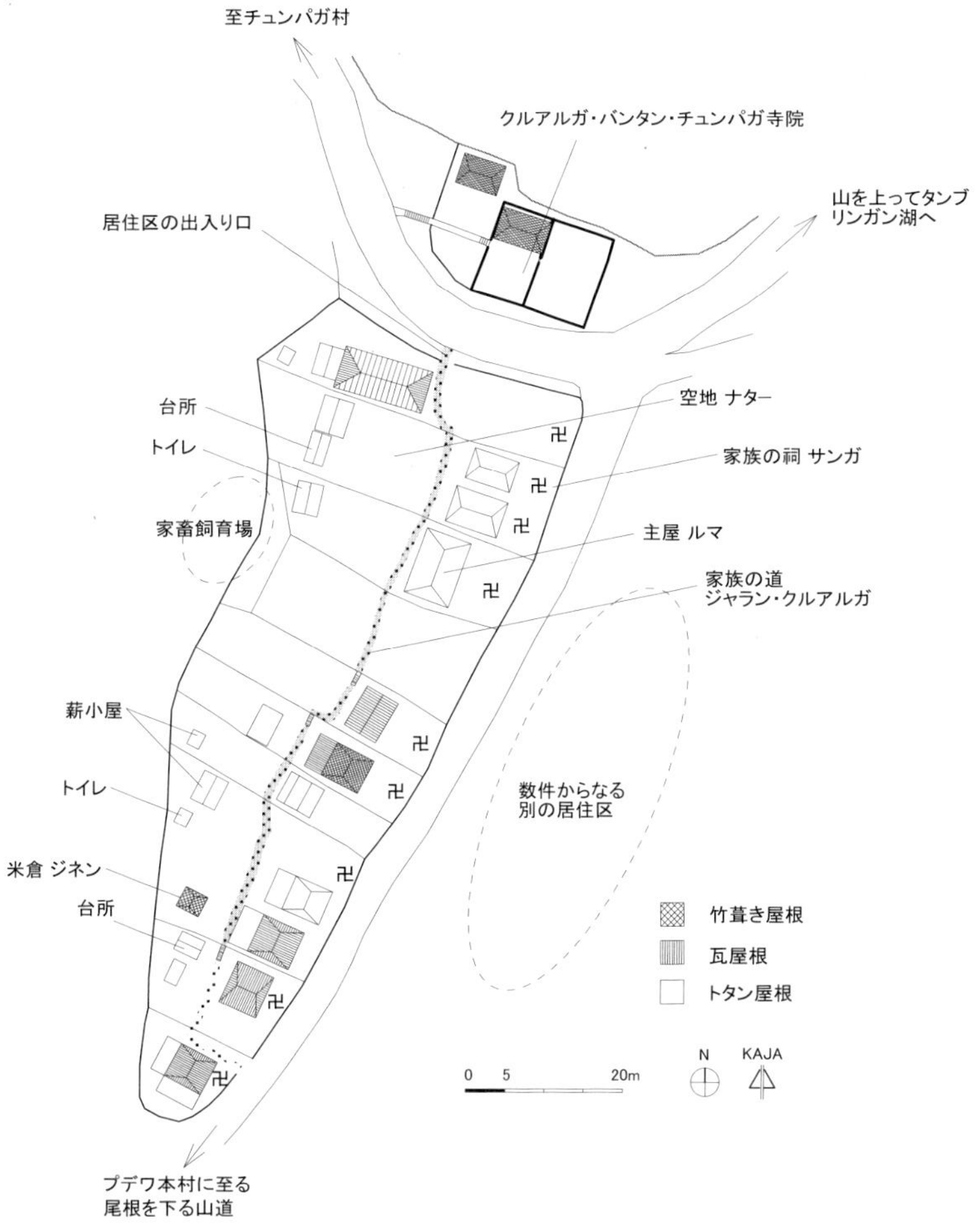

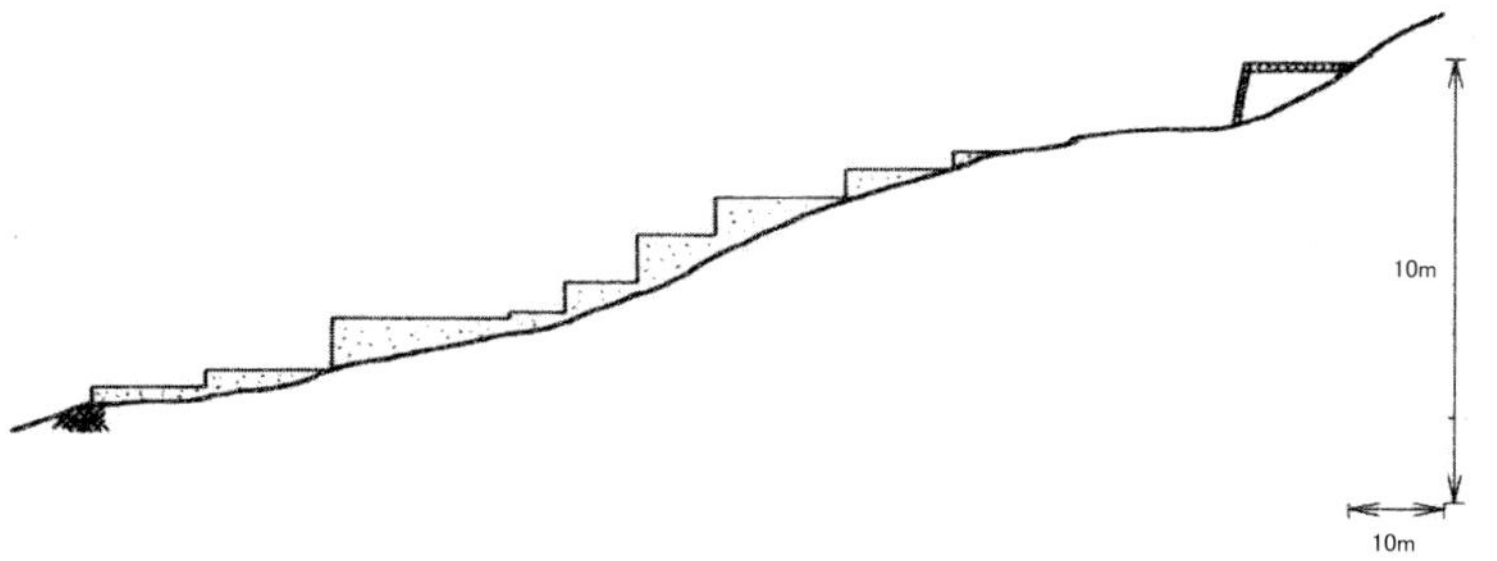

図7　プデワ分村の全体図と地形断面図

それぞれの敷地の中にも高低差があって、東側がもっとも高くなっており、そこに家族の祠と基壇に建つ主屋がもうけられている。家族の祠は竹でつくられたものだ。主屋は、屋根はトタンや瓦になっているが、竹壁形式のものがけっこうある。一軒だけ竹瓦の住居がある。もともとは瓦葺きだったそうだが、近年に葺き替えたということだ。わざわざ高価な竹瓦葺きにするのは住まいの伝統に対する強い思いがないとできることではない。主屋のプラン（図8、写真8、9）はチュンパガやシデタパ、プデワの伝統的タイプとくらべて、かまどの位置が異なっている。

主屋の前には空地が広がっている。よく使われているのだろうか、まわりは草が生えているが、中ほどは生えていない。この空地をナターとよんでいる。その端っこに一棟だけだが米倉が建てられている。そのほかには付属建物がいくつかある。空地は、日常は、チュンゲーを乾燥させたり、洗濯物干し場、バトミントン・コートになったりしている。空地の先は山の崖地になっているが、ほぼそのまま利用して牛などの家畜を飼っているところもある。

この空地と主屋の間は、人がよく通るとみえて、踏み分け道のように一筋の道になっている。段差があるところは簡単な階段状になっている（写真10）。聞けば、ジャラン・クルアルガだという。なんと、ここにシデタパで聞いた「家族の道」そのものがあるではないか。

そうすると、家族の祠、主屋、家族の道、空地、家畜飼育場という配置が敷地のフル構成だと考えてよかろう。住居敷地の数は一四ほどであり、複数の敷地にひとつの家族が住んでいる場合や建物が何もない敷地もある。空地よりも高い基壇に建つ主屋は、みずからの敷地を明示するかのように正面を空地に向けている。

それはさておき、もっとも知りたいことは、ここにどんな人たちが住んでいるかということだ。ドキドキしながら尋ねてみた。すると、こんな答えが返ってきた。兄弟筋にあたる四つの家族と、その兄弟のいとこ筋にあたる三つの家族に、そのほかの一家族を加え、全部で八家族が暮らしている。やっぱりそうだ。ここは、親族集団が暮らす集住地なのだ。ジャラン・クルアルガは、字義どおり「家族の道」だ。

もうひとつ、確かめておかねばならないことがある。ここにどこから入るかということだ。寺院に面する道に、竹を組んだ柵に竹の扉がしつらえられた簡素な門がある。しっかりと閉ざすことなど、ほど遠いものだ。東側には地道があるが、

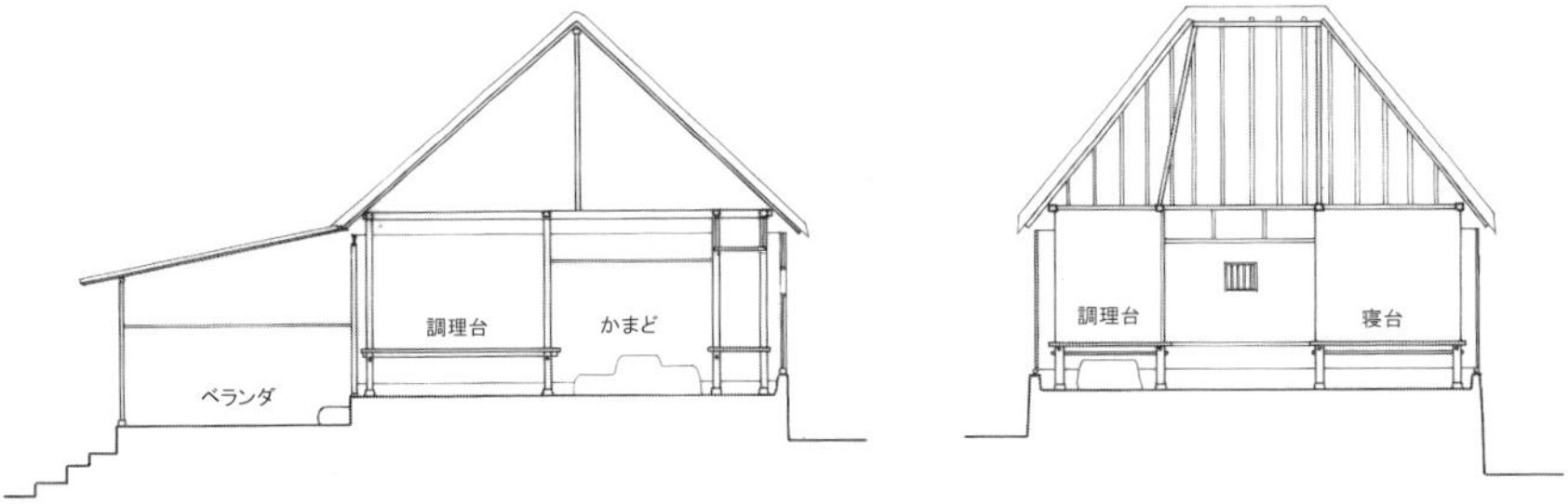

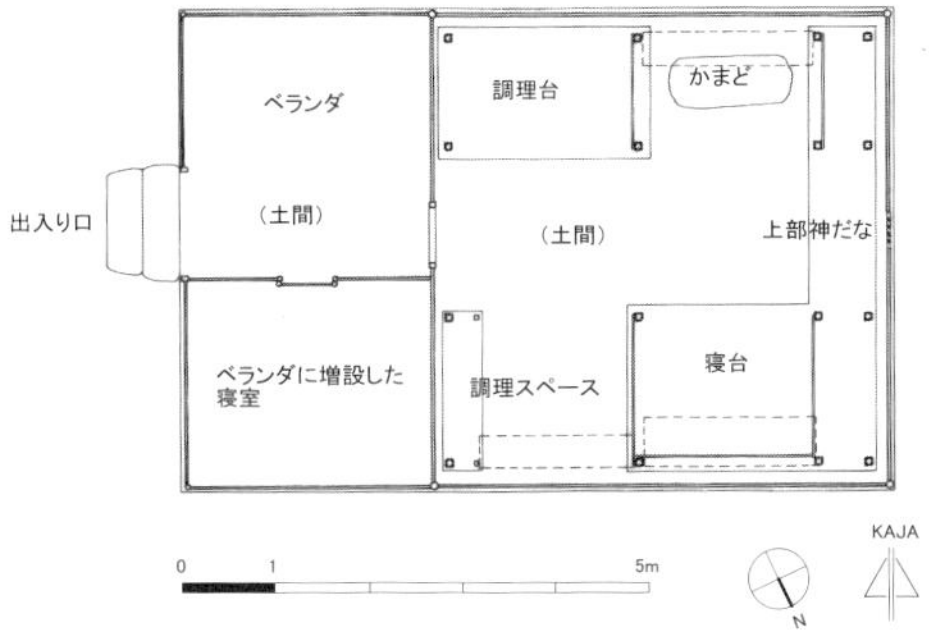

図8　プデワ分村の住居

写真8　かまど

写真10　プデワ分村の家族の道ジャラン・クルアルガと空地ナター

写真9　調理スペース

大きな段差があって行き来はむつかしい。ただし南側のもっとも低い敷地には東側の道に通じる裏口的なものが一か所ある。西側は次第に谷に落ち込んでいくばかりだ。だから、ここへの出入りはもっぱら寺院の前の竹の門扉からなされることになる。すると、寺院に向かう家族の道ジャラン・クルアルガがこの居住地の軸となっているということだ。

これはもう、チュンパガやシデタパ、プデワの集住の古形ではないか。こんなところに、古形がよみがえっている。「家族の道」に集まって住む形である。きわめてふるい集住形である。

この集住地の高台にあるクルアルガ寺院は慣習村プデワの寺院であるという。グヌン・サリというある血筋の祖先などが祀られているそうで、プデワをはじめとする慣習村から人びとが訪れ、この寺院で清めの儀礼や踊りなどが奉納されるのだという。このとき集住地内の空地には仮設の小屋がつくられて儀礼がおこなわれるという。この寺院は、プデワの起源にかかわるような重要な寺院なのかもしれない。そう思えば、広くあたりを見渡すことのできる高台、そこに位置する寺院の空間は、特別な場所のようにも思えてくる。ここに暮らす大家族は寺院を守る特別な人びとなのかもしれない。

ここに暮らす少年たちは家業をよく手伝う。小学校から帰ると、チュンゲーの仕分けを手伝い、中学生になると、ヤシの花や枝から樹液をとり、それを煮詰めてグラ・ラメというヤシ砂糖づくりをしている。ここに実家がある若者は、南部の海岸の国際リゾート地でガーデナーとして働いている。仕事のために海外にも行くそうで、日本で農業研修に従事している者もいる。男たちは外に出て働きながら、ここを守っているのだ。

こうして家や村を守りながら、その一方で島外、海外からの情報をしっかりと手に入れる人びと。遠い昔、インドの船が来島し、商人や巡礼者、船乗りたちが語るインドの神々に、人びとはイマジネーションを輝かせた。やがて、インドの神々の内に込められた生活術に、かれらは気づいた。やがて、さまざまな神を奉じる一族、村、地域がバリ島のそこここにあらわれた。もちろん、小規模の移住は島の内外からあったことだろう。難民や亡命者の来島もあったことだろう。かれらもまたさまざまな生活術をもたらした。そんな光景がほうふつとしてくるではないか。

（後藤隆太郎）

第9章 母系社会を伝えるトルニャン——山頂の湖のふるい村

湖を渡る

トルニャンは、山の上に集まって住んでいる村だ。島なのに山に住んでいる。それも、山頂の湖に住み着いている。

いまも活動しているバトゥール火山のカルデラに青々と水をたたえるバトゥール湖。標高は一〇〇〇メートルほどだ。その東の湖畔にトルニャンはある（写真1）。星の数ほどあろうかと思われるバリ島の村のなかで、もっともふるい村、あるいはそうした村のひとつといってまちがいない。

多島地帯のひとつの島であるバリ島には、よそから来ようとすれば、海を渡ってくることになる。しかし、島だから海岸や平野に居住しなければならないということはない。海を渡ってやってきて、山を登り、そこに集団で居を構えた人びとがいるということだ。かれらは、さまざまな時代の波をうまく内包しながら、かれらの起源をしっかりと伝えている。

トルニャンに手軽に行こうとすれば、バトゥール湖畔のクディサンから船に乗っていくことになる。

クディサンには、外輪山の尾根にもうけられた展望台ペネロカンから崖のようなジグザグ道を下りていく。途中、建築資材などになる溶岩片を満載したトラックがジグザグにあえぎながら上ってくる。標高差と傾斜度が大きいのだ。ここから北のほうは険しい山が湖岸まで迫っていて、まるで谷底のようなところである。

ようやくにしてチャーターした船は観光船風の屋根付きの船だ。乗り込んで一息ついて、ふと後ろを振り返ると、いつの間にか見知らぬ夫婦が大きな荷物をもって座り込んでいる。

写真１
バトゥール山のカルデラ

写真２
湖からのトルニャンの遠景

こちらのけげんな顔に、にっこりと笑い返してくる。ちゃっかりしたものだ。

湖は、穏やかなようでも、走り出すと思いのほか波がある。そして寒い。船頭はしっかり着込んで、おまけに毛糸の帽子までかぶっている。夏姿の私たちは水しぶきをたっぷりとかぶって、ちょっとふるえながら、行く手右側の湖畔の風景に見入る。湖岸のすぐ後ろにはかなり高い山が急な崖をまるで大きなついたてのようにして立ち上げている。数百メートルの差はあるだろうか。その大きさにくらべると、湖岸のなんと小さいことか。その小さいスペースを精いっぱい使って畑作をやっている。かつては陸稲がとれたが、過去の噴火のせいでとれなくなった。そこで、バワン・メラというここ特産の赤い小さな玉ねぎを中心にとうもろこしや野菜類を栽培するようになった。農地はしっかり手入れされて美しい。そんな中に小さな集住地も形成されている。

反対側を見れば、湖面越しにバトゥール火山を見ることができる。きれいな形をしている。ほんとうに美しい。こうやって見るバトゥール山が一番美しいと思う。かれらはバトゥール山をこのように見ながら暮らしているのだ。三〇分ほどで、トルニャンに着く。湖からみるトルニャンは、背後と両側の三方を絶壁の崖山に囲まれたほんとうに小さなスペースに、すっかりトタン屋根が多くなった家並みをちょっとばかり広げている（写真2）。崖山は、畑はいうまでもなく、植林もほとんどできそうにない。人工的に切り削ったのではないかと思われるような山肌は、緑濃い姿を見せてくれるかと思うと、岩肌をさらけ出すこともある。

こんな天然の要害のようなところにトルニャンはある。

匂いの木の伝承

トルニャンの起源を語る民話は、少なくとも一一を数える。そのなかに、ジャワのソロ王の四人の子どもがクディサンからトルニャンまで踏査してそこに住み着いた、というものがある。それはつぎのようなものだ。

天界にいた女神が、漂ってくるいい匂いの元を見つけようと地上に降りてきた。女神はいい匂いのする木があるその地にとどまり住み着いた。そのことに腹を立てた太陽神スルヤは、女神を辱めようと遠くから交わった。女神は妊娠し、兄と妹の双子を産んだ。女神は二人が成長するのを待って、かれらを残して天界に帰っていった。この双子の兄妹が村の祖先である。

自然物と人間との感応は母系社会に多くみられるものだ。話は続く。

ソロ王の四人の子ども、三人の王子と一番下の王女がいい匂いの元を探してやってきた。一番下の王女は、バトゥール湖の南でこれ以上ついていけないとそこにとどまった。三人の王子は前進したが、つぎに一番若い王子がクディサンにとどまった。険しい崖を越えてすすんだ二人のうちの弟のほうがドゥクー（現在のアバン・ドゥクー）にとどまった。こうして、長男はひとりで旅を続け、幾多の崖を乗り越えて、湖の東の端（トルニャン）までやってきた。そしていい匂いを発する木にたどり着いた。

そこには、かつてここに降り立った女神の娘が木を守っていた。王子はこの娘を妻とし、やがてソロの王国の制度を導入して治めるようになった。ソロの王は、別の者がいい匂いに惹かれて進入してくることを恐れ、木を倒すことなく匂いを止めるために死者の遺体を木の根元に放置することとした。それがトルニャンの風習になった。ソロ王の霊は、村の最高神ダ・トンタ（われらの神）として崇められるようになり、それを祀る寺院が建てられた。ダ・トンタは石の巨像である。

この物語は、大きな儀礼サバ・グデのときに、神聖な仮面の踊りとして無言劇で演じられる。

この伝承のなかに、いつのことかわからないが、匂いの木が自生する地に住み着いたひとりの女性——これはおそらく始祖のことであろう——からトルニャンが始まっていること、その後、これもいつのことか、ほんとうにジャワのソロ王なのかわからないが、よそから男性が通ってくるようになったという史実が隠されているように思う。

秘境のようなところに住み着いたのは、伝承にいう匂いの木があったからだということだ。村から船で一〇分くらい北に行ったところに、かれらの墓地のひとつがあるが、そこに巨大な匂いの木が一本立っている（写真3）。近寄ってみると、たしかに匂いがする。安息香がとれる木だという。おもに香料として用いられるものだ。

いまはこの種の香木はほかにはないようだが、匂いを求めてこのあたりに人びとが住み着いていたのであろうか。ここに残る王の布告を記した銅板碑文《プラサスティ》は、九一二年にはすでに「われらの神ダ・トンタ」を祀る祖先崇拝があったことを教えてくれるから、それ以前からここに住み着いていた人びとがいたことになる。それは、一六世紀のジャワのマジャパヒト王国のバリ島移住はいうまでもなく、それ以前のワルマデワ王朝、シンガマンダワ王国のはるか前のことであると考えてよかろう。

香木のある墓地は、現在、村の最大の観光スポットになっている。しかし、観光客の評判はとても悪い。亡くなった人は埋葬されず、白い布で巻かれて少し掘り下げた地面に寝かされ、その上に竹のフェンスをかぶせるだけである。風葬である。この独特の葬送に観光客は興味を覚えるのだ。遺体のそばには竹のかごが置かれ、一〇〇〇ルピア札が数枚、入っていたりするから、お供えをしようと思う。ところが、財布を開けようとすると、財布からお金を抜かんばかりに、高額を納めるように半ば強制される。これがかなわないのだ。しかし、これも、香木に気づかれまいとするふるくからの思いがなせることなのかもしれない。

ちなみに、トルニャンという名前の由来は、トルン・ヒヤン＝降りる・神々、また、タル・ムニャン＝木（バリ語の丁寧語）・よい香りが、いつの間にかトルニャンになったということだ。

二本の大樹のもとに

クディサンから船でトルニャンに渡ると、村の中央の桟橋に着く。いかにも取ってつけたような割れ門《チャンディ・ブンタル》が桟橋の奥にもうけられている。ここで村の人たちが待ち受けている。村を案内するという。いくら断っても、執拗についてくる。かってに村の中を歩いてもらっては困るということなのか。

割れ門の先には、デワ・ラトゥー・グデ・パンチュリン・ジャガット寺院がみえる。まず、ここに連れていってくれる。塀で囲まれた寺院の門は、これもまた不釣り合いな赤レンガ門《コリ・アグン》だ。さきの割れ門といい、この赤レンガ門といい、誰がつくろうと言い出したのか知らないが、トルニャンもバリ・ヒンドゥーの島の村だから、その象徴ともいうべき割れ門などがないのはおかしいというのだろうか。ここで寄進を求められる。

ヒンドゥー風の名前をもつパンチュリン・ジャガット寺院内（写真4）は大きくは三段に分かれている。最初はもっとも低いところに入る。右手にバレ・アグン、左手にバレがある。かなり長細い建物だ。その奥、左右に未婚男女の建物がある。中の段には、楽器ゴンの建物と調理場がある。まるで青空劇場のようなしつらえだ。そして最上段に、われらの神として崇める「ダ・トンタ」の高さ四メートルほどの石像を納めた大きな祠（写真5）が、巨大なバニャンの木とともにある。石

写真3　香木のある風葬地

写真4　パンチュリン・ジャガット寺院。うしろが男の木

写真5　われらの神ダ・トンタの石像

像は毎年、聖水で清めて化粧を施す。二〇〇四年にはこの石像を見ることができなくなってしまっていた。建屋ですっかり覆ってしまったからだ。ところが、バニャンの巨木が二〇〇七年ごろの強風で倒れ、祠も壊れてしまった。

見学はこれで終わりである。そして、一緒に回ってくれた村人からガイド料を要求される。たしかにふつうの観光からすればそれ以外にみるものはないといってよいのだが、早く金を払ってさっさと出ていってくれといわんばかりである。こちらからお願いしたわけではなく、かってについてきて説明してくれただけなのにと思うけれど、「このお金は私個人ではなく村にたいするものです」としきりにいう。けっきょく、村内を少し歩きたいからといって、支払う。

じつは、村の中を歩こうと思っても、歩けない。村人がつきまとって歩くのを邪魔するのではない。道がないのだ。村の中央の船着き場からパンチュリン・ジャガット寺院までは舗装された狭い道があるのだが、その両側にある家々に行こうと思っても道がついていないから、行きようがない。家は両側に広がっているから、人びとはここを往来しているはずだ。考えたあげく、いったん湖岸に出て、湖岸沿いに歩いてみた。

すると、湖岸から山のほうに幾本か、路地が出ている。ともかくも狭い。人がようやくすれ違えるほどの路地は、開口部のない建物の壁、隣接する敷地の石積みにはさまれており、路地というよりも建物のすきまといったほうがよいのかもしれない。足元もでこぼこだらけだ。糞やごみも落ちている(写真6)。村の人たちはほんとうにここを歩いているのだろうか。たしかに、こうした路地から家々を訪れることができるのだが。

こうやって少し歩いた。ところが、建て詰まっていて視界があまり利かないせいか、どこを歩いているのかわからなくなり、ちょっと恐怖を感じたりする。住居敷地には塀がなく、突然に建物の間から人が出てきたり、どこからかの視線を感じることも、しばしばである。まるでラビリンスのような、複雑な村だ。

村をくまなく歩き回った。

村は背後の山に向かって傾斜しており、湖から山に向かう方向の路地が計八本ある。これを山に向かう路地とよぶことにしよう。一方、この山に向かう路地をつなぐ、湖岸に並行するおもな路地は中央部分に走っているのみである。ただ、この湖岸に並行する路地は後発のもののようである。あった

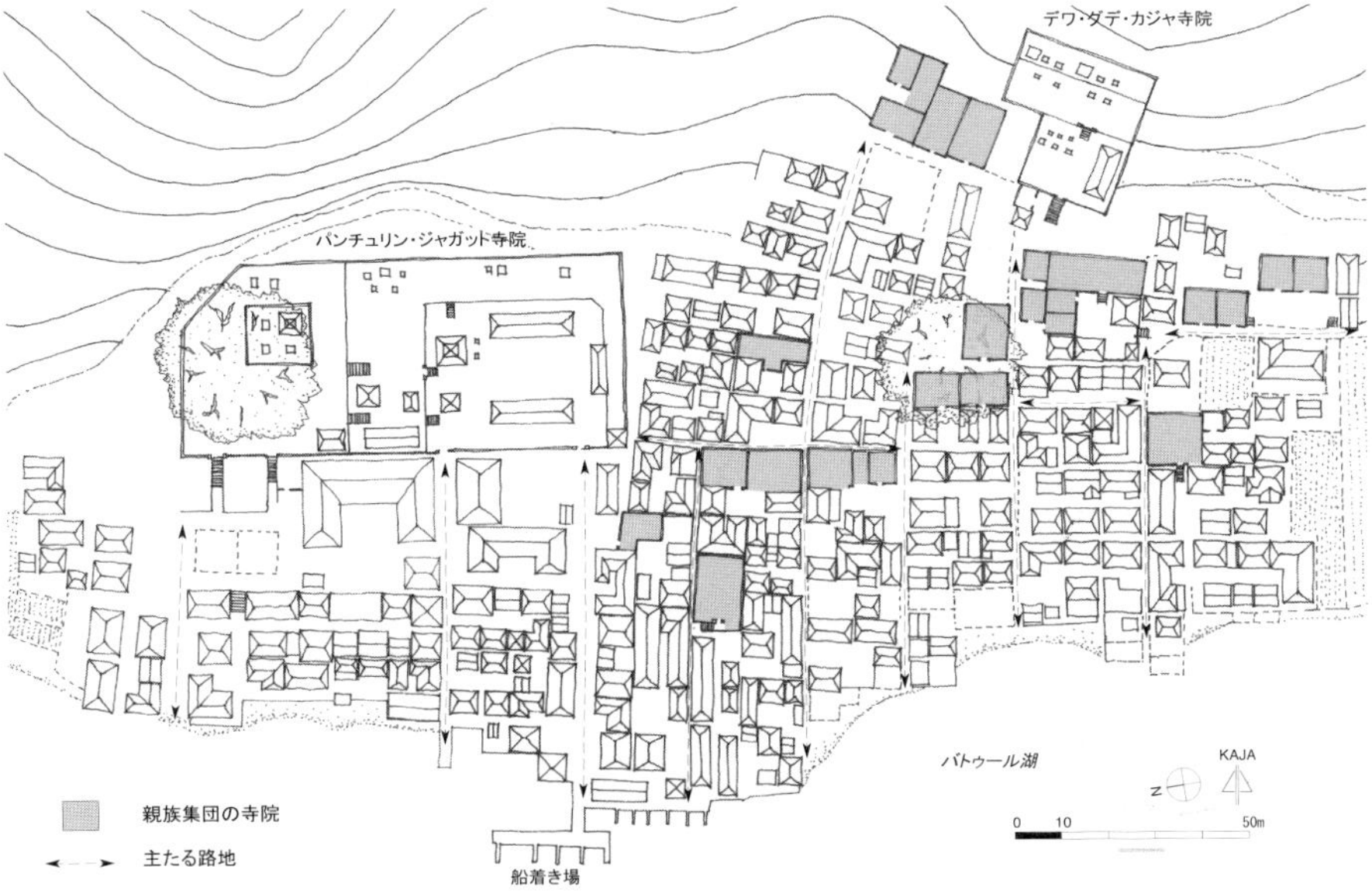

図1　トルニャンの集住地全体図

写真6　バトゥール湖とバトゥール山を望む路地

としても、山裾の野道程度ではなかったか。すると、村の道は山に向かう路地ばかりになる。この路地は周囲の宅地より低くなっているから、豪雨になると山に向かう八本の路地は川のようになって湖に通じるのであろう。水でえぐられた跡がいくつも残ったりしている。そして、建物もくまなくプロットした。

こうしてできあがった村の全体図（図1）をあらためてみると、村はけっこうシステマティックにできている。初めに感じたほどに複雑ではない。村の人びとは、路地以外に通ることができる建物と建物のすきまなどを知っていて、あみだくじをたどるかのように歩くものだから、混乱させられていたのである。

　大きく四つの特徴がみられる。まず、トルニャンの村には、南と北にそれぞれ一本ずつ、バニャンの巨木が立っている。かなりシンボリックな存在だ。つぎに、特に南のバニャンの木のまわりに、湖に並行して住居列が連なっているのが特徴的だ。北のバニャンの木はパンチュリン・ジャガット寺院の「ダ・トンタ」像のところに立ち、その湖岸側におなじく湖に並行に住居列が連なっており、そこに小学校や村役場《デサ・カントール》もつくられている。しかし、南側の住居列のほうがはるかに多い。この差異が三つ目だ。そして四つ目は、この南北の住居列群の間に、湖に直交する形の住居列がはさまっていることだ。これは明らかに別の文化が挿入されてできたものだ。

　このことは、集住地の形成を考えるのにひとつのヒントを与えてくれる。南のバニャンの木のまわりの住居列がもともとあったもので、北のバニャンの木のそれは後日、つくられたものであろうということだ、じっさい、三五年ほど前（一九九八年時点）につくられたものだというから、そのあたりは本来パンチュリン・ジャガット寺院の場所、あるいは「ダ・トンタ」像のためにあった場所ということになる。北のバニャンの木と南のバニャンの木を、一本は神のために、一本は人のためにと使い分け、この二本のバニャンの木でまとめられた村。それがトルニャンであるといってよかろう（写真7）。

　人びとは、南のバニャンの木を女の木、北のバニャンの木を男の木とよんでいる。女の木のもとに集う人びとは、湖から山に向かう路地を通じて住む。いつでも湖に出ることができる。この木は、「ダ・トンタ」の妻のダルム・ダサールの名前を冠した集団約一〇〇家族が所有している。そして、男の木のもとに集まって、人びとは「われらの神ダ・トンタ」を祀る。この木はラトゥ・カムラン・パセックの集団約七〇家族が所有している。名前からみて、これは明らかに新しい集団である。その村をついたてのような山がすっぽりとつつみ込み、前にはバトゥール湖、その向こうにはバトゥール山が広がる、二一四家族、七八六人（九八年時点）の村である。それは、もともとは、南の木に集う、女系のこじんまりした村であったと思われる。

　二〇〇八年四月ごろに、村の前浜のところにだけ湖岸道路が完成した。山に向かう路地を通れば湖岸に通じていたのに、道路に出るようになってしまった。それまでは女の人たちは桟橋や湖岸で洗濯し、子どもたちは桟橋から飛び込んだり、湖岸で水浴びをしていたのだが。

階前の空地を連ねて暮らす

山に向かう路地は、両側に家々が建ち並ぶ、中庭空地とよべばいいような空地につながっている。正確には、各住居の前の小空地、つまり階前の空地が連なってできあがった空地である。住居が対面して建てられているから、その階前の空地がちょうどひとつの街区の中にできた中庭空地のようになっている（写真８）。

中庭空地に入ると、ちょっとほっとする。路地の汚さにくらべると、中庭空地はきれいに掃かれ、手入れが行き届いている。ふるそうな家の前はベランダのようになっているところも多い。このような中庭空地が路地と路地の間に形成されて、そこに家々が集まって暮らしている。ただ、桟橋のある山に向かう路地のすぐ南側の二区画だけは、湖岸から山に向かって中庭空地がつくられていて、他とは異なっている。一四世紀にジャワからやってきてバリ島を支配下においたジャワ・ヒンドゥーのマジャパヒト王国が興したゲルゲル王朝に遣わされたパセック一族がヒンドゥーの普及のためにトルニャンにやってきて、そのまま住み着いたようだから、そのこととの関係が推測される。

写真７　集住地北側の山腹からみる２本のバニャンの大木（手前が男の木、向こうが女の木）

写真８　中庭空地

前者の中庭空地は、路地と路地との間にもうけられているから、基本的に行き来可能となっている。この中庭空地は、住居での生活がにじみだしている以外には、特徴的なものはない。なかには奥の突き当たりに祠が置かれることがあり、その背後は簡単な柵などで仕切られている場合もあるが、もともとはそうではなかったようである。後者の中庭空地の場合も同様であるが、中庭空地が山の方向にもうけられているから、ところどころに段差がつけられており、その先には親族集団の寺院が建てられ、そこで突き当たりになっている。

この親族集団は父系のものである。これらの寺院を含め、集住地内の親族集団の寺院はもともとからあったものではない。

　ヴェトナム人画家が描いた北ヴェトナムのドンソン近くの湖畔に住むある部族の村とトルニャンとの近似性が指摘されもしている。紀元前三－一世紀ごろに北ヴェトナムの紅河流域で栄えたドンソン文化は、それとおなじ型の銅鼓が島でみつかっているから、まちがいなくバリ島にも伝わったが、それが集住にもあらわれているというのである。

　この中庭空地に集まって住むというかれらの住まい方は、いまのところ、変わるふうはない。

小宇宙の一棟型住居

　村中を歩き回っても少ししか見られないが、これがトルニャンの伝統的な形式だという住居がある。石積みの基壇の上に、一二本の木造柱が寄棟屋根を支える、草葺き平屋建ての建物である。屋根は不釣り合いにみえるくらいに大きくて急勾配だ。入り口をのぞいた三方には基壇と同様の石積みの壁がめぐらされている（図2、写真9）。

　内は、真っ暗だ。建物には窓がなく、わずかに出入り口から光が入るだけである。明るい外から内に入ると、しばらくは何も見えない。そのうちに目が慣れてきて、少し内部が見えてくる。土間床が見える。梁や屋根裏はススで真っ黒だ。壁と屋根のわずかなすきまで換気しているようだ。朝晩の冷え込みは、かなりきびしい。かまどは暖をもたらしてくれる唯一のものだ。

　住居内の内部空間は、一二本の柱によって六分割され、それぞれに用途が定まっている。

　中庭空地の山側に建ち湖側から入る伝統的住居の場合、山側の中央ゾーンの奥に神だな《ランガタン》、その前に中央の台《ダンベン・トウンガー》とよばれる供物台とそこに至る小さな石段《クトウンガン》、奥に向かってその左手のゾーンは東の台《ダンベン・カンギン》とよばれる寝所とその一部を区切った神聖《サロン》な寝所、右手のゾーンには西の台《ダンベン・カウ》とよばれる寝所が、それぞれ配されている。この東西の使い方は奇異にみえるが、かれらのいう山の方向が南にあたる場所にあるとすれば、日の出の方向つまり東はその左側となる。その関係をそのままここにもってきたと理解すれば、この使い方の説明がつく。ということは、トルニャンの人びとは明らかにバリ島の北部からやってきた集団ということになる。あるいは、バリ島にかぎらず、島の北部に住んで山を見て暮らしていた人びとといってもよい。

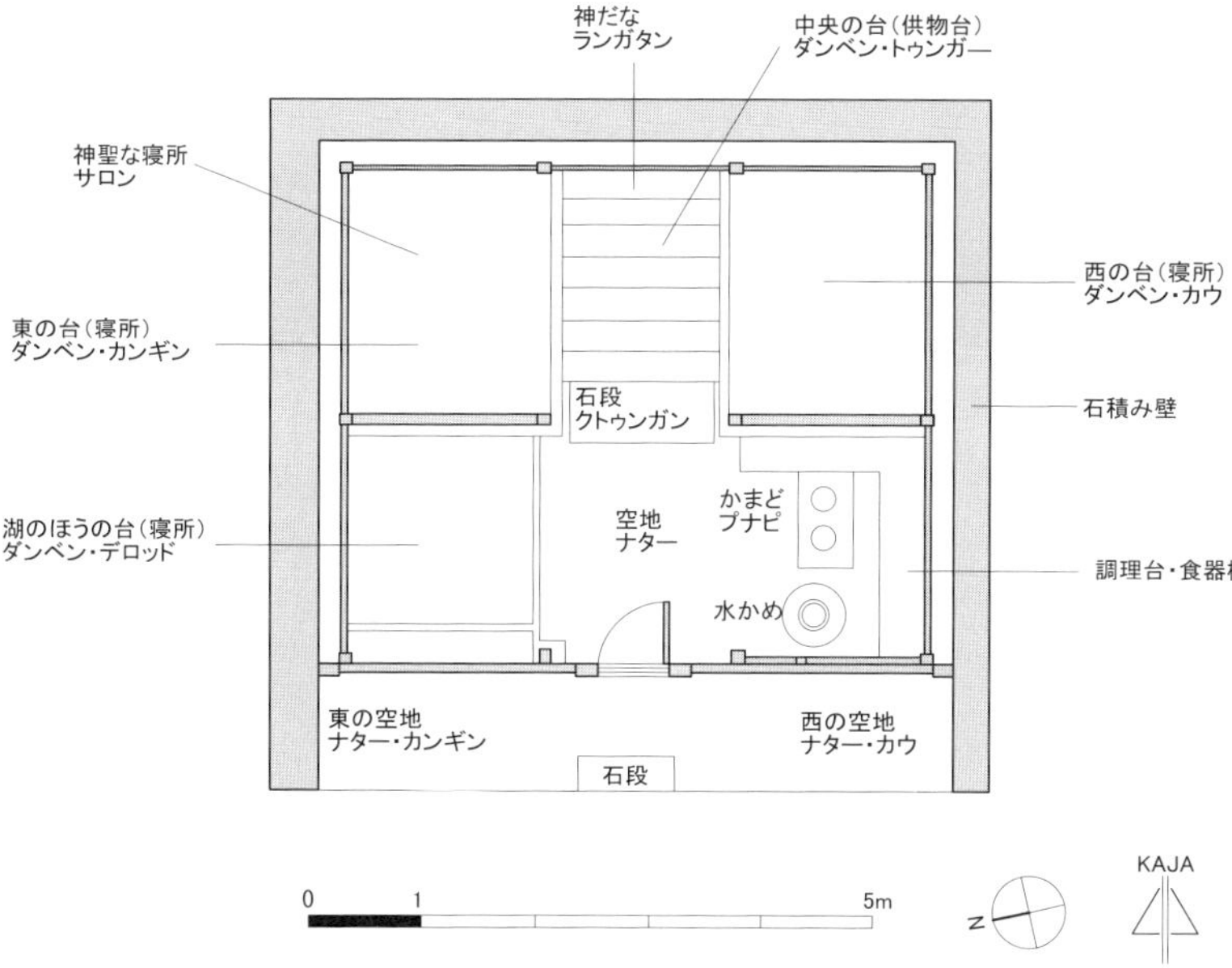

図２　トルニャンの伝統的住居平面

写真９　伝統的住居ファサード

湖側の中央ゾーンには空地《ナター》、奥に向かって左手のゾーンには湖のほうの台《ダンベン・デロッド》とよばれる寝所、右手のゾーンには台所が配されている。台所にはかまど《ブナピ》が置かれ、隅に水かめが置かれている。ここでも湖のほうとかれらがよんでいるのは、絶対方位では西にあたる。

平屋建てだから、これだけのように思われるが、じつはもうひとつ、部屋がある。屋根裏である。屋根が急勾配で大きいのは、この屋根裏をとるためだ。いまは農作物の保管などに使われている。屋根裏には中央の台からはしごをかけて上がる。中央の台には神だなと供物台があり、神聖な場所である。そこから上がるようになっているということは、ただの屋根裏ではないということである。

　大きな根太をまたぐようにして、あらためて外に出る。出入り口前の軒下には、ナターとよばれる空地が基壇上にとられることもある。これも、奥に向かって左側を東の空地《ナター・カンギン》、右側を西の空地《ナター・カウ》とよんでいる。この軒先空間の前面は中庭空地である。中庭空地からこの基壇に上がるために、石段がつけられていることもある。

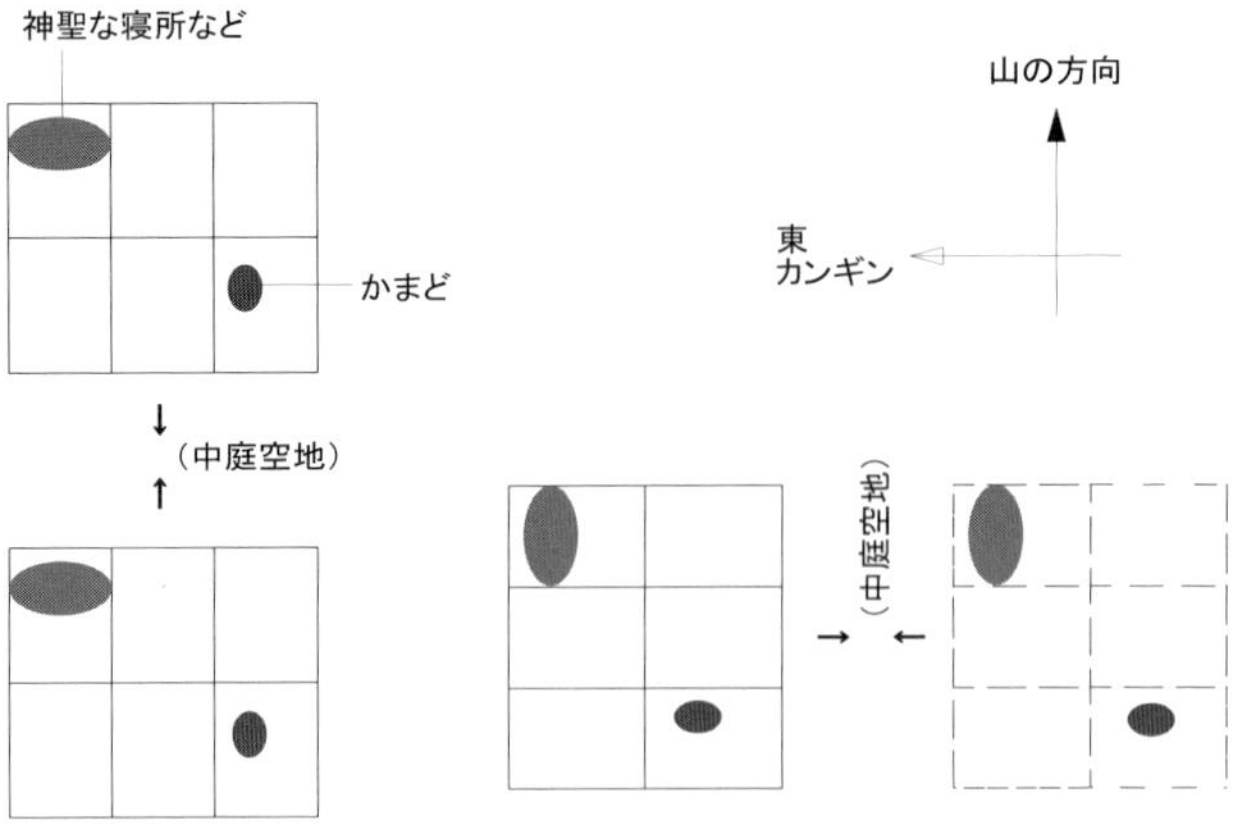

図3　中庭空地をはさんだ住居の内部構成

　中庭空地を隔てた反対側、つまり中庭空地の湖側に建つ山側から入る住居も、神聖な寝所は奥を背にして山側の左手のゾーンに、台所は湖側の右手ゾーンにもうけられており、その位置は変わらない。中庭空地が山と湖の方向につくられている街区でも、同様である（図3）。

　こうした名称と用途をみると、かれらは山側と、東側《カンギン》（絶対方位では北側だが）を神聖と考えていることがわかる。

　このような住居内部の構成から察するに、かれらは中庭空地に何か特別な意味を見いだしてないと考えてよかろう。もし中庭空地に重大な意味を認めているのであれば、中庭空地を軸にして対称をなす住居プランになることが多いからである。したがって、中庭空地より住居それ自体に重きを置いているとみてよい。

　そんな住居に人びとは寝台で身を寄せ合って寝るのがふつうである。寒いからということもあるかもしれないが、一棟の住居に多くの人が住まうというのが、かれらの住居である。中庭空地に面して建つ住居に基本的に一家族が住まう一棟型住居である。それがトルニャンの人びとの住居である。

この住居ひとつで、住生活のほとんどすべてが繰り広げられている。小宇宙としての住居である。

グレートマザーだったか

ふたたび、船に乗って、トルニャンを離れる。だんだん村が小さくなって、すぐに山ばかりとなる。

エンジンを全開にして疾走する船に身をゆだねながら、いつの間にか、ここはもともと母系集団の居住地ではなかったか、と考え始めていた。村の来歴は、妻問婚を示すものではないか。「ダ・トンタ」はもともとは母系社会のシンボル、日本でいえば縄文時代の乳房や臀部を誇張した女性をかたどった土偶、つまり太母、グレートマザーだったのではないか。いまあるダ・トンタ像そのものは明らかに後発のものだ。

トルニャンの人びとは、中庭空地に集まり住んでも、儀礼用の建物をそこに求めるわけでもない。中庭空地は生活そのものの場であり続けている。父系親族集団の寺院は多いが、それが居住をそれほど規定するわけでもない。いわゆる親族集団はここでは後発のものである。バリ島の村々につきものの村の起源の寺院《プラ・プセ》、村の守護寺院《プラ・バレ・アグン》、死者の寺院《プラ・ダレム》という三つの寺はない。ガルンガンやクニンガンなどの祖先の祭祀もない。「ダ・トンタ」像の前で繰り広げられる神聖な無言の仮面劇で、村の伝承を受け継いでいくばかりだ。

後発のものを取り除いていくと、残るのは、巨大な樹木のもとに建つ住居群だけだ。その住居群に何か集住原理を求めようとしても、ない。あるのはただ、ひとりの女性が住んでいたという一本の樹木だけだ。

住居の外観がモダンになろうとも、かれらが崇拝する神の名前が変わろうとも、住居の間取りは変わらないし、神への祈りは変わらない。表面的なものは変わっても、根っこのところは変わらない。そのスピリチュアルな生活を楽しむといってもよい精神。それがバリ島のすべての根っこを支えている。だから、目に見えるところがいかに変わろうとも、何も問題はない。こうしたことをバリ島の生活空間は私たちに伝えてくれる。

くりぬき舟で水面をたたきながら魚を網におびきいれる光景がよくみられる。漁をするのはおもに男性だが、女性や子どもも器用に舟をこぐ。わずかばかりの畑をじつにきれいに耕作する。森には生活に有用な多くのものがある。かつてはスズ鉄が採れていたのかもしれない。山と湖がつくり出す地形は天然の要害となる。女たちはここに住まって家族を育て、男たちはここを拠点にして交易や採掘の仕事に従事したのではなかろうか。匂いの木を求めて住み着いたという人びとの末裔は、トルニャンで、私たちがもう忘れてしまったかもしれない、「われらの神」太母を崇めるスピリチュアルな暮らしをしている。

このような生活空間で、人びとはふるくバリ島で集住してきたのではないだろうか。

（後藤隆太郎）

あとがき

バリ島の研究は思わぬことからはじまった。

佐賀大学に赴任してしばらくたったときのことだった。研究室に一本の電話がかかってきた。佐賀県のシンクタンクからだった。嘉瀬川ダムがいよいよ着工する見通しになった。ついては周辺整備に関する検討会議にきてくれないか、ということだった。

どこまでお役にたてるかどうかわからないがなどといって、了承の返事をして電話を切った。正直なところ、赴任したばかりで佐賀県のことなどまったくといってよいほどわかっていない。嘉瀬川ダムがどこにつくられるのか、それすら知らなかった。

最初の会合に出て、私が、あるいは私が中心になって嘉瀬川ダム周辺整備計画を策定するのだということに気づくまでに、ほとんど時間はかからなかった。

嘉瀬川ダムは富士町（現佐賀市）にできる。佐賀市から車で三、四〇分ほど北に行った背振山地の中の小さな美しい町である。映画『男はつらいよ』のロケ地ともなった。はじめて行ったときは、山の腹にまだ嘉瀬川ダム建設反対の大きな看板がかかっていた。

嘉瀬川沿いに町の中心部ができた富士町は、ダムができると、その中心部をはじめ町がほとんどなくなってしまう。その数およそ一三〇戸。たいへんな数が水没するではないか。ダム周辺整備計画などといえば軽そうに聞こえるが、要は町全体の再生計画である。たいへんなものを引き受けてしまった……。

町の公民館に夜、三〇名ほどの住民が集まって、話し合おうというのだが、どうこうしようといった話は出てこない。これまでの恨みつらみばかりである。それにたいして私は何かをいうすべすらもっていなかった。わかった！　こうなれば、すべての人に言いたいことをすべてしゃべってもらおう。徹底的に聞き役に回ろう。話し合いは、それからだ。

こうして私の富士町通いが始まった。

幾夜通ったか覚えていないが、もうこれ以上話すことはないというところまでしゃべってもらった。そして、かれらの気持ちが痛いほどわかった。これまで三〇年、ダム建設反対運動をやってきた。その間に子どもたちも大きくなった。こんな苦しいことを子どもたちには味わわせたくない。自分たち一代で、十分だ……。言葉は違うが、かれらはこういう。かれらはダム建設に納得して、ゴーサインを出したのではないのだ。ダム建設には何十年とかかるというが、その年月とはこういうことだったのか！　そして、いう。あとはもう先生に任せますから……。

これはたいへんなことになった。町の再生をどうやって図ればよいのか。町では、山間という特性を利用して高冷地野菜の栽培を試みようとしていたし、町長の発案で当時はまだ海のものとも山のものともわからなかったバイオ栽培を検討しようとしていた。

ダム周辺整備計画はフィジカルな計画であるが、ここではそれにとどまらず生活再生計画を内包したものでなければならない。ダムで水没しなくても生活するのがたいへんな山間の町の生活再生など、できるのだろうか……。

もともと一年をフルに使った生活がむずかしいのなら、一年を生産に使うということを考えないことだ。そう気づくまでにかなりの時間がかかった。一年の一二か月をいわゆる生産生活にまわすのではなく、たとえば一〇か月をそれにまわし、あとの二か月は生産とは違うものにまわす。そしてその二か月が生活全体を内で支えるようにもっていけないものか。

佐賀に赴任するまで暮らした雪国・福井がそうだった。雪が降り積もる数か月は、雪との格闘で通常の生活ももままならない。とすると、こうした生活はけっしておかしいものではない。むしろ、一年を一二か月で暮らさねばならない都会のほうがおかしいのではないか。

そう考えついたときに、バリ島に出合った。私が頭の中でたどり着いた生活をすでにバリ島でおこなっているというのである。「はじめに」に記したかれらの暮らしである。それらは観光情報として私たちに伝えられてはいるが、それらがかれらの日常生活とどのようにかかわっているのか、そこのところがまったくといってよいほど伝わってこない。ぜひとも、かれらの暮らしの秘訣を教授願いたい。そう考えてバリ島に飛んだのが、一九九三年の夏だった。

一、二回の訪問で、そのことがわかるわけがない。ましてや、バリ島の人びとがそれを解説して教えてくれはしない。

かれらにとってはそれが当たり前の生活だから、あらためてそれがどういうことなのかといわれても、わからないのだ。みずから調べる以外に方法はない。以後、毎年のようにバリ島に通うことになった。学生たちの研究のなかにも、私の話を聞いて、バリ島を対象とするものが出てきた。一、二か月をバリ島の村々に暮らし、そこをつぶさに記録するのである。

バリ島の村々に暮らしながら考えていく。すると、つぎなる調査地が浮かび上がってくる。このようにして誘導されながらバリ島をめぐっていき、気がついてみると、バリ島をひと通り回っていた。そして、一〇年間の歳月が流れていた。

バリ島は小さな島であるが、それを網羅するなど、できることではない。しかし、ひと通り回ったことで、バリ島の歴史をたどっていったことにもなる。バリ島の人びとの生活の仕組みを求める旅は、いつしか生活空間からみたささやかなバリ島の歴史の旅ともなった。とりわけ、これまで山地バリと平地バリの二つの概念でバリ島は理解されてきたが、もうひとつ、丘陵バリともいうべきものがあることが明らかになった。山地バリもひとつだけではなさそうである。インドのヒンドゥーの神々は科学・技術を偽装していることが多いのだが、バリ島の生活空間にはそれがダイレクトに用いられている。じつにあけっぴろげである。それがバリ島である。ところが、村々を訪れてそれを見ているのだが、私たちはそれが見えない。見えているけど、それを気づかないのだ。それほどまでに生活空間の中にふつうに用いられているのだ。これもバリ島である。バリ島民となせるわざというべきか。そして、かれらの生活は、グローバルとローカルの関係のじつに有意義なあり様を私たちに教えてくれた。

その結果、一九二〇年代から欧米のエキゾチシズムの対象となり、現在も等しく世界の人びとを魅了し続けているバリ島の暮らしの仕組みを、生活空間から本格的に明らかにしたはじめてのものとなった。

バリ島は、世界中から人びとがやってくる国際観光地、国際保養地である。その来訪者たちの近年の行動をみていると、エキゾティックなオリエンタリズムに支えられたものであったり、たんなるリゾートの対象であるにとどまらなくなっている。明らかに、バリ島の人びとの暮らしそのものに惹かれることが多くなっている。なぜかれらの暮らしが国と地域とを問わず人びとを魅了するのか。私たちはそれにもっとも惹かれたのである。それは、一口にいえば、祖先から子孫まですべてを安寧にたもつスピリチュアルな日常生活を、ルーツが見えがくれする生活空間で継承する、ということになるのではないか。そこに私たちのこれからの生活の姿、少なくともそれを考える大きなヒントがあるのかもしれない。

一九二〇年代から今日まで変わらない世界中からの熱いまなざしは、あるいは、このことがその奥に潜んでいるからなのかもしれない。世界の人びとがバリ島に見てきたものは、じつは、かれらの暮らしぶりだったのではないか。それがオリエンタリズムやリゾート感覚という言葉で表現されていたのではないか。すると、かれらの暮らしぶりは日本やアジアだけでなく、世界中が求めてきたもの、求めているものであるのかもしれない。

一九七〇年代、私は生活空間におけるアジア的な価値とは何かを明らかにしようとした。いろいろ調査したりしたが、そのときはしかとしたものをつかむことができなかった。ところが、このようにしてバリ島の研究をすすめてみると、ここで明らかにした生活空間のあり様こそがアジア的な価値ではないかと確信するようになった。その意味で、この研究は私にとって三〇年間以上も温めてきたテーマということができる。

一方、村々で知り合った人たち、特に若者たちは、かれらの歴史とみずからの生きざまに大きな関心を示している。しかし、村々間の情報交換はほとんどないに等しい現状だから、それには大きな限界がある。既往の資料もきわめて少なく、考古学的調査も十分にすすんでいない。しかもそれらがあちこちに散在している。既存の資料の整理と新たな資料づくりは重要かつ急務である。とりわけ生活空間調査は皆無に近いといってよい。集住地プランや住居タイプなど、私たちの調査によってはじめて採取されたデータも少なくない。お世話になったかれらに少しでも恩返しができるとすれば、バリ島の村々の現状をできるだけ生のまま整理し、それを誰もが利用できるようにすることである、と考えている。本書はその第一弾である。

調査は中岡義介、大谷聡、後藤隆太郎、川西尋子を中心に、佐賀大学学生・院生（カッコ書き、当時）等の調査参加を得ておこなったものである。各章の調査参加は以下のとおりである。

第1章　中岡義介、大谷聡、川西尋子、後藤隆太郎、（有田美香子、波多江憲一、竹本憲史、近藤修二、山本誠貴、楠本隆記、小野清、山下博之、坂田秀則、柄沢裕也）、（新田文・兵庫教育大学）

第2章　中岡義介、川西尋子、大谷聡、（田村卓也）

第3章　中岡義介、大谷聡、川西尋子、（田中学、豊田智行、中務邦彦、門田吉殖）
第4章　中岡義介、大谷聡、後藤隆太郎
第5章　中岡義介、後藤隆太郎、川西尋子、（升永栄一）
第6章　中岡義介、大谷聡、後藤隆太郎、川西尋子
第7章　中岡義介、大谷聡、後藤隆太郎
第8章　中岡義介、後藤隆太郎、大谷聡
第9章　中岡義介、後藤隆太郎、大谷聡

バリ島に滞在して調査をおこなっている間、多くの方々のお世話になった。こころよく住居の中に招き入れてくれたり、宿泊を受け入れてくれた村々の人たち。定宿となった民宿やバンガローの人たち。毎日のごとく通う私たちに食事をつくって包んでくれた出店ワルンの人たちなど。かれらなくして本書は生まれなかった。あまりにも多くて名前を出すことはできないが、ここに記して感謝の意を表したい。

出版にあたり、鹿島出版会の川嶋勝氏にお世話いただいた。この場を借りて厚く御礼を申し上げたい。

あきらかにできなかったことも多いが、本書がバリ島とわが国の将来のあり様に少しでも役立つのであれば、私たちにとってこれ以上うれしいことはない。

二〇一六年二月

中岡義介

おもな資料および参考文献、図版・写真一覧

第1章

調査は一九九三年から二〇〇九年にかけて断続的に実施した。

永渕康之『バリ島』講談社現代新書、一九九八

伊藤俊治『バリ島芸術をつくった男 ヴァルター・シュピースの魔術的人生』平凡社新書、二〇〇二

中岡義介・川西光子・大谷聡・後藤隆太郎「バリ島にみる軸道による集住について――山岳バリから平地バリに至る一本の道沿いの集住地調査から」『兵庫教育大学研究紀要』第25巻第3分冊、二〇〇四

中岡義介・川西光子・I. G. P. Wirawan・Son Jang Ho「インドネシア・バリ島における学校の発生と展開、構造に関する研究（1）国際観光地ウブドゥ村における小学校教育の実態調査――カリキュラムを中心に」『兵庫教育大学研究紀要』第33巻、二〇〇八

中岡義介・川西光子・I. G. P. Wirawan・Son Jang Ho「インドネシア・バリ島における学校の発生と展開、構造に関する研究（2）小学校に関する史料調査・ヒアリング調査・フィールド調査」『兵庫教育大学研究紀要』第34巻、二〇〇九

プトゥ・スティア『プトゥ・スティアのバリ案内』鏡味治也・中村潔訳、木犀社、一九九四

大谷聡・中岡義介「バリの観光地化にみる観光要望の居住者による地域空間への取り込み方について」『都市計画論文集』第34号、日本都市計画学会、一九九九

大谷聡・中岡義介「バリ島工芸村ウブッドゥにみる住生活近代化の動向について」『都市計画論文集』第38号、日本都市計画学会、二〇〇三

第2章

調査は一九九四年から数次にわたり実施した。

Ardana, I Gusti Gde. *Sejarah Perkembangan Hinduisme di Bali*, Denpasar, 1982

Kertonegoro, Madi. *The Spirit Journey to Bali Aga, Tenganan Pegrinsingan*, Harkat Foundation, Bali, Indonesia, 1986（邦訳 マディ・クルトネゴロ『スピリット・ジャーニー』武内邦愛訳、アートダイジェスト、一九九〇）

上村勝彦『インド神話――マハーバーラタの神々』筑摩書房、二〇〇三

辻直四郎訳『リグ・ヴェーダ讃歌』岩波書店、一九七〇

辻直四郎『アタルヴァ・ヴェーダ讃歌――古代インドの呪法』岩波文庫、一九七九

長尾雅人他六名編『岩波講座 東洋思想〈7〉インド思想3』岩波書店、一九九八

森本達雄『ヒンドゥー教――インドの聖と俗』中公新書、二〇〇三

ヴァールミーキ『ラーマーヤナ物語』前田行貴訳、青娥書房、二〇一二

ヴァールミーキ『新訳ラーマーヤナ（1）-（7）』中村了昭訳、平凡社、二〇一二-二〇一三

新沼鐵夫「古代製鉄と鉄鏃の製法――実験による想像説の可能性追求」『古代学研究』九一号、一九七九

リチャード・ウォーターストーン『インドの神々』阿部慈園監修、藤沢邦子訳、創元社、一九九七

吉本忍『インドネシア染織大系〈上巻〉』紫紅社、一九七七

文化庁「重要文化的景観」（平成二六年三月一八日現在）、<http://www.bunka.go.jp>

「奥出雲町重要文化的景観――奥出雲たたら製鉄及び棚田の文化的景観」、<http://www. town. okuizumo.shimane.jp>

中根千恵『社会人類学――アジア諸社会の考察』東京大学出版会、一九八七

Hauser-Schäublin, Brigitta and Ardika, I Wayan. *Burials, Texts and Rituals. Ethnoarchaeological investigations in North Bali, Indonesia*, Göttinger Beiträge zur Ethnologie Bd. 1, Göttingen: Universitätsverlag Göttingen. 2008

Kalyanaraman, Srinivasan. *Indian Alchemy: Soma In the Veda*, Munshirm Manoharlal Pub Pvt Ltd, 2004

ベルトゥロ『錬金術の起源（改稿版）』田中豊助・牧野文子訳、内田老鶴圃、一九八四

ミルチャ・エリアーデ『シャーマニズム』堀一郎訳、冬樹社、一九七四

ミルチャ・エリアーデ『鍛冶師と錬金術』大室幹雄訳、せりか書房、一九七六

カウティリヤ『実利論（上・下）――古代インドの帝王学』上村勝彦訳、岩波文庫、一九八四

第3章

調査は一九九三年から数次にわたり実施したが、図版は一九九五年調査時のものである。

大谷聡・中岡義介「バリ島のデサ・アダット・ティンブラーにおける帯状空地の利用実態」『佐賀大学理工学部集報』第26巻第1号、一九九七

大谷聡「軸の集住による生活空間の研究――インドネシア、バリ島を中心として」佐賀大学学位請求論文、二〇〇〇年三月

大谷聡・中岡義介「コミュニティの運営からみたバリ島集落の集住構造について――デサ・アダット・ティンブラー Desa Adat Timbrahを例に」『低平地研究』12号、佐賀大学低平地研究センター、二〇〇三

第4章

図版は二〇〇三年調査時のものである。

大谷聡・後藤隆太郎・中岡義介「バリ島デサ・アダット・タロのモノグラフ」『佐賀大学理工学部集報』第32巻2号、二〇〇三

Kertonegoro, Madi. *op.cit.*

Shastri, Narendra Dev. Pandet. *SEJARAH BALI DWIPA*, 1963

石井米雄・桜井由躬雄『東南アジア世界の形成』講談社、一九八五

第5章

調査は一九九五年から数次にわたり実施したが、図版は一九九七年調査時のものである。

Putra, I Nyoman Miarta. *Mitos-Mitos Tanaman Upakara*, Majalah Hindu Raditya, 2009

第6章

図版は二〇〇四年調査時のものである。

Shastri, Narendra Dev. Pandet. *op.cit.*

Angela Hogela, Urs Ramseyer and Albert Leemann. *The People of Bali*, Blackwell Publishers, 2001

Stutterheim, Willem Frederik. *Oudheden van Bali*, deel 1: Het oude rijk van Pedjeng, 2: delen, Singaradja (Bali): Kirtya Liefrinck-Van der Tuuk. - dl. 1: Tekst. dl. 2: Platen, met toelichting, 1930

Schubring, Walter. "Cosmography," In (ed.) Wolfgang Beurlen, *The Doctrine of the Jainas*, Motilal Banarsidass Publ., 1995

Shah, Narubhai. *Jainism: The World of Conquerors*, Volume I and II, Sussex Academy Press, 1988

定方晟『インド宇宙論大全』春秋社、二〇一一

第7章

調査は一九九七年から数次にわたり実施したが、図版は二〇〇四年調査時のものである。

グレゴリー・ベイトソン、マーガレット・ミード『バリ島人の性格――写真による分析』外山昇訳、国文社、二〇〇一

M・ミード『フィールドからの手紙』畑中幸子訳、岩波現代選書、一九八四

Sullivan, Gerald. *Margaret Mead, Gregory Bateson, and Highland Bali: Fieldwork Photographs of Bayung Gede, 1936-1939*, The University of Chicago Press, 1999

Reuter, Thomas A. *Custodians of Sacred Mountains - Culture and Society in the Highlands of Bali*, University of Hawai'i Press, 2001

第8章

調査は一九九七年から数次にわたり実施したが、図版は一九九七年調査時のものである。

第9章

図版は二〇〇三年調査時のものである。

後藤隆太郎・大谷聡・中岡義介『バリ島・トゥルニャンの生活空間モノグラフ』『佐賀大学理工学部集報』第32巻2号、二〇〇三

プトゥ・スティア、前掲

Wijaya, Made. *Architecture of Bali: A source book of traditional and modern forms*, Archipelago Press & Wijaya Words, 2002

倉田勇「バリ島家屋の位置と方位観」吉阪隆正ほか『住まいの原型II』鹿島出版会、一九七三

詳細は記さないが、これら以外に調査にかかわった学生・院生の卒業論文・修士論文がある。

図版・写真一覧

中岡義介　口絵（1、3）、巻頭地図、1章（図1、2、3、4　写真1、2、3、4）、2章（写真2、3、4、5、6、7、10）、3章（写真1、2、3、7、8）、4章（写真1、2、4、5、6）、5章（写真1b、2）、6章（写真1、3、4、5、6、7、8）、7章（写真1、2、3、4、6　図3）、8章（写真1、2、3、4、5、7、10）、9章（写真1、2、3、4、5、6、7、8、9）

川西尋子　口絵（4）、1章（写真5）、2章（写真8）、4章（写真3）、5章（写真1a、6）、6章（写真2）、8章（写真8、9）

大谷聡　口絵（2）、1章（図5模式図）、2章（写真1、9）、3章（図1、2、3、4、5　写真4、5、6）、4章（図1、2、3）、6章（図3、4、5）、7章（図1、2　写真7）

後藤隆太郎　5章（図1、2、3　写真3、4、5、7）、7章（写真5）、8章（図1、2、3、4、5、6、7、8　写真6）、9章（図1、2、3）

有田美香子　1章（図6）

1章図5スケッチは Wijaya, Made. *Architecture of Bali: A source book o traditional and modern forms*, Archipelago Press & Wijaya Words, 2002 をもとに作成

2章図1、2は Kertonegoro, Madi. *The Spirit Journey to Bali Aga, Tenganan Pegrinsingan*, Harkat Foundation, Bali, Indonesia, 1986 をもとに作成

6章図1は Reuter, Thomas A. *Custodians of Sacred Mountains - Culture and Society in the Highlands of Bali*, University of Hawai'i Press, 2001 をもとに作成

6章図2は Angela Hogela, Urs Ramseyer and Albert Leemann. *The People of Bali*, Blackwell Publishers, 2001 をもとに作成

作図：後藤隆太郎

著者略歴

中岡 義介（なかおか よしすけ）
一九四四年生まれ。京都大学大学院修了。工学博士。福井工業大学・佐賀大学・兵庫教育大学大学院教授、中国・中南工業大学客員教授、日本学術振興会サンパウロ研究連絡センター長などをへて、兵庫教育大学名誉教授。地域都市計画家。
著書に『首都ブラジリア』（共著、鹿島出版会）『路地研究』（共著、鹿島出版会）『奥座敷は奥にない』（彰国社）『六人家族の中国ノート』（学芸出版社）等。計画に「嘉瀬川ダム周辺整備計画」「志田焼の里博物館」他。

川西 尋子（かわにし みつこ）
兵庫教育大学連合大学院修了。博士（学校教育学）。サンパウロ人文科学研究所特別研究員、兵庫教育大学・大阪教育大学・畿央大学講師を歴任。都市史・都市文化・教育実践学研究。
著書に『首都ブラジリア』（共著、鹿島出版会）、論文に「我が国の現代都市の城下町起源の意味と日本の城下町の都市性に関する研究」、調査報告に「インドネシア・バリ島における学校の発生と展開、構造に関する研究」等。

大谷 聡（おおたに さとし）
一九七〇年生まれ。佐賀大学大学院修了。博士（工学）。佐賀大学低平地研究センター講師をへて、共同通信グループ・ＮＮＡの記者として東南アジアに駐在。バリ島研究者。
論文に「バリ島の歴史的・自然的地域区分からみた集住の空間特性」「軸の集住による生活空間の研究——インドネシア、バリ島を中心として」等。

後藤 隆太郎（ごとう りゅうたろう）
一九七〇年生まれ。佐賀大学大学院修了。博士（工学）。佐賀大学大学院准教授。地域の自然・文化・生態に立脚した居住・集住空間研究。
著書に『集住の知恵』（分担執筆、技報堂出版）、論文に「有明沿岸低平地における集住空間の形成と発展に関する研究」等。

バリ島巡礼《とうじゅんれい》　集住《しゅうじゅう》の村々《むらむら》を探《さぐ》る

二〇一六年三月二五日　第一刷発行

著者　中岡義介《なかおかよしすけ》＋川西尋子《かわにしみつこ》＋大谷 聡《おおにしさとし》＋後藤 隆 太郎《ごとうりゅうたろう》

発行者　坪内文生

発行所　鹿島出版会

〒一〇四－〇〇二八　東京都中央区八重洲二－五－一四

電話〇三－六二〇二－五二〇〇　振替〇〇一六〇－二－一八〇八八三

装幀　渡邉翔

編集制作　今井章博＋高田明

印刷　三美印刷

製本　牧製本

ISBN 978-4-306-04637-5 C3052

本書の内容に関するご意見・ご感想は下記までお寄せ下さい。

URL: http://www.kajima-publishing.co.jp/

e-mail: info@kajima-publishing.co.jp